玩出財富

艾琳 Erin Huang —— 著

自媒體企業家順流致富操作說明書

時報出版

Chapter

1

錢不是用賺的，
是玩出來的

每個人都有想要追求的夢想，我一直追求「成功」！
我常常說我沒什麼特殊的興趣，因為賺錢就是我的興
趣，創業後發現，賺錢的本質就是遇到問題解決問題：
做簡單得事，賺簡單的錢；做困難的事，賺厲害的錢！

就像小時候玩的 RPG 遊戲，打完一個 Boss 等級經驗
就提升了，過程中接觸的人事物也不斷升級，人生就
是這樣才好玩。

逐漸萌芽的創業夢
● ● ●

　　小時候我的家境並不富有，父母從南部北漂來台北工作，爸爸是雲林人、媽媽是鹿港人。兩人結婚有小孩之後都兢兢業業地薪水階級，經濟條件使然，只能全家一起住在外公家。

　　有一個經歷讓我印象很深刻；那是爸爸第一次買豬心回家，煮完之後對我們說：「這顆豬心很珍貴，大家要分著喝。」我才明白當時價值 50 元台幣的豬心，對我們家來說就已經是難得能吃到的珍貴食材。

甚至曾被同事笑說，為什麼每次喝飲料都要把吸管咬得扁扁的？其實是因為小時候對我來說買飲料的 10 塊錢很不容易，喝的時候要把吸管咬扁，才不會一下子就喝完，所以長大後仍然不小心延續咬吸管的壞習慣，**正是因為這樣的成長經歷，萌生我對賺錢這件事的挑戰慾望。**

在從小一路被長輩灌輸「唯有讀出高」只有念好書才是將來賺錢的唯一途徑，而我也深信著，總是堅持努力唸書，學生生涯中一路都像是別人眼中的人生勝利組那樣，考上北一女、台大。

讀書拼命、課餘也沒閒著。我想在最快的時間開始體驗到用自己的手賺錢，考上北一女之後，我做過補習班發傳單的工讀生、當過小老師，甚至高一到高二都作為飛哥英文的板妹，上課時間全程注意老師狀況，擦黑板太快會被念、太慢也會被念，上完課之後還要留下來打掃、倒垃圾，回到家通常都快要晚上11:30。雖然辛苦，不過作為高中生每個月能拿到好幾千元的薪水就覺得很滿足，但當時的我就已然意識到：**靠領薪水很難賺大錢**這件事。

　　我父母是因為創業成功開始賺到第一桶金，所以為我示範了當老闆是重要途徑之一。曾經我以為會接手家裡的事業，但是這個事業隨著父親在我大學時因病過世之後，成為了不可能的選項。於是我想到了另外一個賺錢的途徑，就是看能不能進入大公司，然後因為努力工作得到晉昇上位。所以在大學畢業之後的第一份正式工作，我選了一家台灣品牌大型的科技公司，和我小老闆一起負責韓國和中東的行銷業務。

　　作為第一份工作，再加上不想丟母校台大的面子，我幾乎可以說是用命在工作，連假日都仍然賣力地工作，也因此獲得了老闆的讚譽和成就感。進公司沒多久，才 26 歲公司就讓我管三個工讀生，還包括一位韓國人正職。

✛ 職場風雲詭變，沒有人是不能被取代的

　　就在職場上一切彷彿順利之時，一向器重我的小老闆突然提離職，這對當時的我來說衝擊很大，因為在我眼中他是公司裡資

深並且很有份量的角色，同時對市場的了解度很高。小老闆離職後，負責接手他工作的是另一個部門的 PM（專案經理），之前也沒有業務的經驗，我心想：「我們負責的區域應該要完蛋了！」

但事實上並沒有，雖然剛開始有過一段陣痛期，不過由於我新老闆也很優秀，短短時間很快就上手，並且和韓國代理商們處得很好，也對我的工作表現很滿意。

對小職員來說被新老闆也肯定固然好，危機意識很高的我卻發現一件很可怕的事：前老闆和我一樣都是從年輕就在這裡拼命，幹個 7、8 年，結果說走就走之後，卻對整個公司的運作似乎沒有太大影響。一個人奉獻青春、時間的為公司賣命，隨著離職，除了帶走自己的經驗、回憶之外，竟然什麼都帶不走。

這讓我意識到如果繼續**待在公司裡工作，就算再怎麼拼命，公司隨時都可以用別人取代你**；這種感覺是什麼概念？就像跟前男友分手後，發現他沒有自己日子竟然還是過得好好的，那前面付出的青春歲月，還有陪伴到底算什麼？

　　從那次經歷後，我就一直在思考，如果不當薪水階級自己當老闆，我可以做什麼？

　　一直以來對「當老闆」的印象，好像是自己需要有一技之長，像是會做麵包可以開麵包店、會美髮可以開髮廊……，但是我只會唸書，從國、高中開始有升學壓力，人生似乎除了念書以外找不到其他選項可以成功，但是等到大學之後才發現，讀了這麼多年還是不曉得接下來要幹嘛？也沒有人可以告訴自己接下來人生的路該往哪裡走？所以就算很想當老闆，但還是只能摸摸鼻子默默工作。

　　直到我長期被外派在韓國的時候舉目無親，因語言不通又沒朋友，租房也沒電視，因此在外派期間 YouTube 成了我最好的朋友。

　　印象很深刻當時我看到一支影片，在 2017 年大部分人都還只是拿 YouTube 作為音樂播放器，或是小學生在看的平台的年代，我偶然滑到住在日本的馬來西亞人 Shen TV（一年後他成為

我的老師），分享可以透過經營 YouTube 在世界各地工作生活的選項，這如曙光乍現一般，讓我似乎找到了一個可以前進的方向。

我迅速開始研究：做一個 YouTuber 需要的成本和能力是什？表面上來看可能會需要相機，另外要能夠對著鏡頭拍拍攝，然後要剪輯影片、後製和上片，「that's it！」這對我來說簡直是天大福音，因為我不需要重頭開始學一技之長，我只要會講話（剛好我很愛聊天）、會企劃（做業務行銷得專長就是一天到晚在企劃），還有會上片（YouTube 後台都是中文，看著照做就好），我就有機會開始從零開始的創業。

我是想要做什麼就會馬上行動的人，不是因為能力強，因為總是容易不小心把事情看得太簡單，也不管懂不懂剪輯和拍攝，我就**從一支手機，一個自拍棒開始的自媒體創業之路**。這是在當時現有的選擇裡面，能找到不用金錢成本，只需要我的勞力和時間成本，不用有「富爸爸」就可以開始的創業項目。

HEADLINE

把破釜沈舟
裸辭當成 Gap Year，
爲著賺自己的錢

● ● ● ● ●

"不是很厲害才能開始，而是開始之後，才會變得很厲害！"

一開始我和大家一樣，總想著先把這件事當成副業來做做看，做成功再離職；做不成功裝沒事繼續在公司上班。抱著這樣的心態我開始製作第一支影片。

因為在韓國外派的關係，假日沒朋友約變得很閒，迅速找了一下我的租房附近有什麼景點，想作為一個在地旅居者的角色帶大家來認識韓國，最好不要跑太遠，馬上可以拍完立刻就剪輯。

當時我有一個媒體朋友，是我在工作上認識唯一的韓國人朋友，我們都很愛吃烤肉，偶爾就會相約一起吃飯。因為我們公司的新產品都是交給他們做開箱評測，他是負拍攝剪輯的人，當時我對拍攝、剪輯還沒有什麼概念，於是我就給他 500 美金當酬勞，請他當我 adobe premiere pro 的一對一剪輯指導老師，這是我在自媒體學習上付的第一筆學費。

他當時跟我說，剪輯沒有想像中這麼難，就像切菜一樣，把你不要的地方切掉就好！作為一個文組生很容易面對不熟悉的領域，下意識會想逃避，但是想了想自己都花錢了，就先用背功課的方式記起幾個常見功能（cut、復原、放音樂 ....）如果要求不是太高的話，只要先會這些，一支影片還是做得出來的。

相對於不太熟悉的剪輯技巧，原本以為講話是自己的專長，沒想到拿起相機就「專長變成香腸」，尷尬得要死。因此發現人之所以能侃侃而談，是因為講話的對象是人，但是眼前只有相機和鏡頭，要洗腦自己把鏡頭當作人類，根本就是癡人說夢！

　　我印象很深刻，那時重複了好幾次就是講不好，第一支影片原本在大街拍，結果因為實在太卡了，就跑到人煙稀少的小巷去拍，來回走了 10 次才好好的把第一段話講完，雖然出來的結果還是不怎麼樣，但是那已經是當時我能做到的極限。

　　最後花了一個多禮拜，做出第一支影片的時候，我真的覺得太神奇了，沒想到一直認為只會念書、沒有一技之長的自己，是能做出影片的人！於是興沖沖的分享給國中同學和同事看，現在想起來我的同事、朋友真的對我很好，想盡辦法要在一支超不怎麼樣又很無聊的影片裡，找出一些誇獎我的話。

　　當時 YouTube 風氣是比較是以搞笑、開箱便利商店美食、抓寶可夢影片等這種青少年向的內容為主，像我這種沒什麼才藝又沒有幽默感，說老不老、說小不小的 27 歲小姊姊來說，也不曉得會來是否有機會做得起來？

　　後來因為外派韓國、台灣兩邊飛，也做了不少嘗試，在台灣星期一到星期五做一個認真上班賺錢的好員工，利用週末和男友

約會的時間來拍片。還好當時的男友，也是我現在的老公對我很包容，也是我的最佳「誇誇團」，不管我做什麼他 Always 灌輸給我梁靜茹的勇氣說著：「妳好棒！」而且還當我最佳工具人，明明是去約會，但過程中一路幫我拍東拍西，拍不好還要被我唸，想想還真是不容易，但沒想到拍著拍著，他也開始覺得製作內容好像滿有趣的，相較於做影片，他報名了攝影課打算從文字部落格開始，當時的部落客可說是人人稱羨的職業呢。

✚ 我不是天才，卻熱愛嘗試

　　一開始摸索拍攝題材時做了不少嘗試，都是從猜測大家有沒有興趣開始；像是覺得台灣人都愛喝茶，就去永康街拍個茶館，或是覺得現在人都喜歡療癒，就跑去大安森林公園拍松鼠，心想松鼠跑來跑去這麼可愛，現代人又這麼需要被療癒，這肯定會是我的流量密碼！結果不只沒有爆紅，還被網民罵，第一次被好幾個網民念，嚇得我趕快把影片下架！

這樣自顧自的想到什麼就拍什麼，想當然爾怎麼拍都沒什麼人看，拍就算了，還犧牲了好幾個可在下班好好休息出去社交的晚上，換來的就是這 2 位數的觀看數，真的不得不開始懷疑人生。

這樣的日子大概持續不到三個月，我開始發現，**要構想優良企劃，其實是需要花時間的**，所謂想企劃包括調查現在大家關注什麼？我有能力做到什麼？還有研究影音上爆紅的影片都具備什麼樣的特質 ...，這根本就是我平常在公司做的新產品市場調查了吧。

但是以我當時的工作量和時間分配，根本做不到這些事，於是乎我第一次萌生了「要不要乾脆辭職做做看」的念頭，如果用我在公司連續加班到半夜的拼勁來做做看，結果會是怎麼樣呢？

但是辭職這件事還是重大決定，首先要考慮我有多少存款，可以吃老本吃多久？還有要思考一般 YouTuber 平均都是做多久可以做起來？「做起來」的定義是能夠養活自己。為此上網做了不少研究，但根本找不到什麼有建設性的數字，雖然不知道我什

麼時候可以做起來，不過我知道如果繼續維持這樣一邊工作，只利用下班時間經營，我絕對做不起來。

那時公司算是願意栽培，想要讓我在韓國市場繼續學習，也願意出我在韓國的住宿費什麼的，如果我要做韓國主題留在當地的話，待在公司裡絕對是最保險的選擇，進可攻退可守。

然而問起常常一起吃烤肉的韓國人朋友：「怎麼辦我要不要辭職？」他說：「Why not?」我接著說：「失敗怎麼辦？」他問我：「失敗了你會死嗎？不成功你會死嗎？」我想了一想：「不會死，但是會很丟臉......」，他又問：「那繼續在公司會死嗎？」我回：「也不會死...不過可能會想死！」（笑）。有可能是因為這個會想死的念頭，讓我察覺到如果沒有為自己拼一波，未來的自己肯定會後悔！

所以後來就帶著忐忑不安的心情，跟直屬主管說了句：「我有話想要跟您聊......」開啟了我有生以來第一次的離職對談，主管聽了我的考量，一向很善解人意的她跟我說：「你可以一邊工

作、下班做 YouTube，這樣在 YouTube 賺錢之前還是有薪水可以拿；如果真的沒有做成功，也不會浪費時間，還在公司裡面可以很有發展。」還有接下來我一直心心念念的日本市場，只要我好好再把 N1（日文檢定中最高等級的考試）拿到，也會有機會讓我管理。

還記得我當時說：「謝謝老闆不過我已經 27 歲了，再不開始就來不及了。」我把自己當成出道藝人的概念，心想應該 30 歲之後就會過氣（還沒出名就在想過氣），30 歲之後結婚生小孩應該沒有人想看我了吧？所以這三年是我唯一的機會，主管看我心意已決，人很好說了一句：「之後歡迎你隨時回來。」

就這樣，我徹底脫離了上班族的行列，朝著成為自己的老闆大步前進。

Chapter

2

培養作爲自媒體
企業家的商業思維

開始創業的過程肯定不會都是一帆風順的，
但學會分析之後，能夠更快的找到成功的途徑。
最重要的就是不怕嘗試，了解「失敗才是常態」！

HEADLINE

用 SWOT 分析自身優劣勢，
與其追求爆紅，
不如追求長紅

● ● ● ● ● ●

　　開始創業的過程肯定不是都一帆風順，原本在韓國用的是公司的錢住宿，吃食也有補貼，離職之後全部都變成要吃老本，因此為了要維持生活開銷，盡快收支平衡是首要目標。

　　至於為什麼會選在韓國，一方面是覺得對台灣太過熟悉，反而不知道自己有什麼可以分享的，要說愛吃愛玩，也比不上專業的美食旅遊作家。另一方面則是因為在之前的工作中，所經驗過的一連串文化衝擊，像是和韓國人吃飯一定要幫對面的人斟酒，要喝酒不能自己倒，女性喝酒要遮住嘴巴側身……還有不少特定

餐廳竟然不接受單人點餐等等，對於不同文化的體驗，從一開始的不習慣，變成用欣賞學習的角度後，也讓我了解到當地的歷史和文化，更能理解這些所謂禁忌背後的用意，於是我希望把在這裡經歷學習到的一切，透過影片視角分享出來，因此即使居住生活成本高上許多，我還是選擇在韓國先來闖闖看。

立下方向後馬上發現一件事：我的 YouTube 0 粉絲、 0 人訂閱，這樣影片會不會無法被觀眾看見？但是也不曉得要怎麼增粉，只好拍幾支影片來試試看，雖然剛開始前幾支內容沒增加新粉絲又觀看量少，但只要持續行動，還是可以從少少流量中找到一些端倪。比如說十幾觀看數裡面，有些上片完之後就停滯、一蹶不振，卻也有一些影片後來會異軍突起──例如：鼎泰豐在韓國有什麼不一樣？

那支影片很神奇，即使頻道仍然是個位數訂閱，卻每天都可以看到觀看數的增加，觀察留言區的討論，可以看到雖然不是每個人都對韓國文化感興趣，但是卻會對「台灣＋韓國」這個文化組合感興趣。還有一支影片是和語言學校的外國朋友討論當時正

紅的「女性身體自主權」的議題，湧入大量的正反言論，一般在人生中不太有機會經歷到一堆人對自己的想法品頭論足，當時是我第一次體驗到「網路留言」對身心造成的影響，好幾個晚上會自我懷疑睡不著，但那支也是當下最多互動留言的一支，無論好壞。

於是我就不斷的大量行動和產出，試圖找到觀眾喜歡看的內容的規律，比較普通的就會是美食或咖啡廳探店，還有日常旅遊Vlog……等等，其實不是指這類型的內容沒人看、很普通，而**是對於我「艾琳」來說，這些內容不是我的核心競爭力，觀眾在市場上有更多其他競爭對手拍的比我美，介紹得更詳細、更好的內容，而這就關乎到尋找「自我定位」的重要性。**

這裡特別建議大家在規劃內容定位還有戰略時，使用商管著名的 SWOT 分析表為自己盤點一下資源，從一開始就不走冤枉路，找到自己的優勢和專長。

SWOT分析
優劣勢分析

我一開始在選定韓國之前，先做了競爭市場調查，由於以前有在日本留學過的經歷，會日文和懂日本文化是我的優勢，但是我當時看了一下日本主題的創作者，已經有十位以上做日本主題超過 10 萬訂閱的創作者，並且也有很多日本旅遊主題的影片，不管是拍攝的表現、鏡頭表達能力都在我之上好幾個 Level；反觀韓國這塊領域，當時破十萬以上的該領域創作者都是香港人，台灣人幾乎沒有，即使零星有一些台灣創作者，看起來剪輯和拍攝手法也不是很專業，從上述簡單的分析，可以判斷自己應該有

機會在這個領域拼一波。

　　再加上當時被公司派出差，可以在假日找資料進行拍攝，也不用負擔機票、住宿等成本，在盤點資源與競爭市場之後，我找到了適合自己切入的市場。但確定了大主題為「韓國」之後，這樣還不夠，因為韓國包含 Kpop、Idol、美妝、旅遊、美食……我不可能什麼都擅長，所以要再從這個大主題下面去找細分市場，自己有興趣和擅長的，於是就有了下面的 SWOT 分析表格：

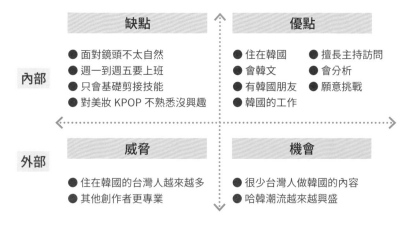

SWOT分析
優劣勢分析

	缺點	優點
內部	● 面對鏡頭不太自然 ● 週一到週五要上班 ● 只會基礎剪接技能 ● 對美妝 KPOP 不熟悉沒興趣	● 住在韓國　● 擅長主持訪問 ● 會韓文　　● 會分析 ● 有韓國朋友　● 願意挑戰 ● 韓國的工作
外部	威脅 ● 住在韓國的台灣人越來越多 ● 其他創作者更專業	機會 ● 很少台灣人做韓國的內容 ● 哈韓潮流越來越興盛

當時我最大的內部劣勢在於我有一到五要上班的壓力，因此創作時間有限—優勢是我住在韓國，會一點韓文，有韓國的工作經驗和韓國朋友，喜歡旅遊美食、擅長交朋友，以前覺得交友屬於吃喝玩樂類型的是無用優勢，但沒想到在我創業的路上，遇到不少貴人相助，都是因為我喜歡結交朋友的內在天賦。

還有其他的部分在於我對當下有關韓國的熱門關鍵字：Kpop 和美妝都一竅不通，由於能夠經營的時間有限，**在 SWOT 分析表格中，要果斷放棄自己沒有優勢擅長的領域，並且專注在自己的內外部優勢去強化它**，因此完成了我的第一步自媒體戰略。

重新審視自己的劣勢，像是週一到週五要上班，不管是面對鏡頭的能力，還是剪輯都是新手很粗糙，因此我知道我必須專注在旅遊、美食、最重要的是生活體驗這一塊，**不斷地去嘗試有沒有市場上還未發掘的的機會**。

打個比方，全世界餐廳這麼多了，如果一個新的餐飲品牌出

現，他會不會成功？答案是**會與不會**，但即使不成功，失敗的原因也絕對不會是「餐廳很多了」，而是他有沒有辦法在某個競爭者少，或是競爭者沒有這麼強的領域，做到該市場的的第一或唯一。

你可能會想，現在的自媒體環境不比當年，內容又更多更競爭，韓國現在已經變成超級競爭的關鍵字，做跟我幾年前一樣的內容，不一定做得起來，這正是**因為隨著時間，內外部的優勢劣、勢都會變動，因此這個 SWOT 戰略是要定期進行動態調整的。**

認識我的人都知道，我的自媒體內容一路轉型，從上述的韓國主題，變成日本和亞洲旅遊主題，又變成親子育兒到現在的自我成長，很多創作者頻道只要一轉型，新的內容就沒人看，但是固守舊有主題觀眾沒有新鮮感，又會慢慢走向老化沒有活水，策略若沒有動態調整，一樣是死路一條。

但由於我在每一次轉型的過程中，都有做 SWOT 並且在「口

渴之前先挖井」(Dig the well before you're thirsty)，不要等到自媒體內容停滯後才垂死掙扎，要不斷、不斷的一直挑戰自己，重新找到自己的立足之地。

因此我會說，**爆紅是運氣，長紅才是實力**，我們如何在這一路上不斷地精進成長，正是我們可以在市場上屹立不搖的關鍵。

HEADLINE

如何度過自媒體創業最艱辛草創期，不再內耗的心理調適

　　由於我是裸辭開始的自媒體創業，身為處女座的個性也屬於比較務實，再加上當時也從 27 歲邁入 28 歲，很快將要進入生育的年紀，因此沒有太多的時間可以浪費在追夢上。

　　當初剛離職的時候，只有一個禮拜因為脫離上班族生活而開心，一個禮拜後隨之而來的是種種焦慮，雖然知道剛開始總是辛苦的，但未知的恐懼最讓人難受，如果知道未來會成功，那現在努力一點也沒什麼，但未來是難以預知的，也不曉得自己做的一切要到什麼時候才會開花結果。

全職創業的前幾個月，常常一張開眼睛，就覺得自己好像在做夢，為什麼會在這裡？為什麼沒有去上班？這種對於未來的焦慮，讓我好幾個晚上都需要在韓國藥局買助眠劑才有辦法入睡。

而讓我抵抗內耗的最大的轉捩點，就是幫自己訂了停損點！記得我在韓國的好朋友也問過我，如果離職專職當 YouTuber 最壞的結果是什麼？我說：「大不了就回去上班，而且以我的資歷，回去上班應該還是可以很快找到工作。」

他又再問我：「那如果直接放棄回去上班呢？」我一想到又要回去過那樣的日子，就覺得更痛苦！做了這個內心拷問之後，創業辛苦、回去上班痛苦，這可能是我一生唯一一次會這樣放下一切打拼的機會，我不想還沒有拼命就放棄！

因此我給了自己一年的時間，如果做不到養活自己，就乖乖回去上班！而且當時的環境是滿多人會去澳洲打工度假，於是我就把離職創業的這一年，心態上就當作在打工度假，只是別人去摘蘋果、剪羊毛，我在做自媒體，而且我在做的事並沒有比摘蘋

果差，訂了停損點的期限後，讓我變得更有目標，這樣想之後就停止內耗了。

如果看這本書的你，也正面臨著對未來成功與否的未知與焦慮，可以像我一樣，給自己定個目標，比如說一年做出多少個內容、停損的時間期限，還有如何為自己規劃在這條路上的各種進修去增加效率與成功機率⋯**有了目標之後會發現行動會變得很清晰，停止了自我懷疑與內耗，允許自己有一段時間為夢想而打拼，總比未來為了因為沒有行動而不斷懊悔，這樣轉念思考之後，就會覺得用一年的時間，為自己勇敢一次，實在太值得了。**

找到定位和受眾，實現定位與供應的變現策略

由於已經訂了一個一年內靠自媒體養活自己的目標，我開始找尋各種可以賺錢的機會，可能也正因為有這個念頭，天線就打開了！

我在台北的教會有一個認識十幾年的大哥，平常見到面會閒聊但算不上很熟，有一次剛好聚會完聊著聊著，就問彼此在做什麼，我告訴他我現在在拍韓國旅遊的 YouTube 影片，他就問我，他剛好有在賣網卡，不知道我能不能幫他賣？

　　當時我想說，我又不是旅遊公司怎麼賣？但是聊著聊著，就發現他可以製作一個專屬的「推廣連結」，有人用我的連結下單的話，我可以有些許分潤。於是開始合作後我就把以前做的十幾支舊影片，都在資訊欄新增這個連結，結果沒想到，當時才 500 粉絲的我，竟然開始入帳了！從一開始幾百，到後來破千，隨著影片持續增加，旺季的時候竟然可以收到五、六千元的分潤，而我唯一做的，就是把連結放進去而已，這就是所謂聯盟行銷的形式，有賣出自媒體創作者就會有分潤。

　　但不是每個人用同樣的做法都可以賺錢，因為我後來也有把這個資源給我另外一位創作者朋友，她雖然也做韓國主題，但內容多為 Idol 、 Kpop 等流行相關的分享，所以即使都是韓國，她就沒能在網卡這個領域賺到錢。

　　而這正是因為我做的內容多為旅遊攻略，不是青少年的追星，也不是要買彩妝品的美妝路線，**雖然受眾比較小，但會看我影片的人，都是「有打算去韓國旅遊」的人，因此當我把旅遊路線還有網卡資訊同時放在資訊欄，觀眾就能一條龍直接找到旅遊**

時需要的網卡，這就是一般商業行銷領域常見的思維：目標受眾。

1. 你想要吸引什麼樣的人？這就會是你的定位
2. 你有什麼可以提供給這群人？這就會是你的變現戰略

當目標受眾鮮明之後，只要找到適合的產品，變現流程就會順。

Chapter

3

從流量思維，
變成轉換思維

網路世界不是從表面就能看出現金來源的，
突破這層盲點，你才會相信，只要願意，
每個人都能成為自己的老闆。

HEADLINE

花掉的錢又流回來，
打造網路世界的
自動販賣機

　　記得**我第一個「轉換變現」是在 YouTube 500 訂閱的時候，**當時我還是一個出差外派到韓國的上班族，假日沒朋友的時候就安排自己在首爾走走逛逛行程，因為我本身是美容 SPA 按摩的愛好者，難得去高級 Salon，就會想把過程記錄下來分享，思考**"花掉的錢要如何流回來"**，雖然觀看數不高，但我猜是這個系列有被看到，差不多 500 訂閱的時候，竟然收到韓國醫美的來信，邀請我去體驗韓國的皮膚管理。

　　也因為當時只是 500 訂閱的「奈米級網不紅」，也沒奢求

會有推廣費什麼的，但就如前面所述，反正我本來就會花錢去做美容 SPA，那這個省下來的錢基本上就是賺的錢，秉持著這種想法，沒想到做了之後，影片竟然一飛沖天。

我應該是台灣第一個在 YouTube 頻道上分享韓國皮膚管理的，不得不說韓國真的是美容大國，一項簡單的保養 SPA，裡面使用的各種儀器卻是當時台灣少見且先進，因此分享出來之後整個系列都持續有流量，而想要去韓國做皮膚管理的人，理所當然會有網卡需求，因此雖然皮膚管理沒有賺到錢，但影片就像自動販賣機一樣，因為精準流量來了細水長流的長尾訂單。

只是對於創作初期，需要投入的不只是時間成本，還有取材成本，為了做內容常常也需要有一些旅遊上的花費，使得能夠儘早變現賺錢是當務之急，後來收到不少觀眾私訊說感謝我介紹這麼好的醫美診所環境好服務好，但同時我心裡在想的是：這樣只有美容 SPA 賺和觀眾賺，**眼看著流量這麼高，卻只有網卡一個收入來源，我就覺得不該讓這個流量白白浪費掉。**

後來在某一次拍攝的時候我看到這個醫美診所櫃上的化妝品，好奇詢問一下才發現原來很多人做完醫美雷射後皮會膚敏感泛紅，因此他們特別引進這個品牌，是眾多消費者用了之後滿意指數都很高的術後保養遮瑕，有了之前的網卡經驗，我主動問：「這個我能不能賣？」

決定賣之前我事先做了初步市場調查，不用想說這是什麼很難的分析報告，基本上就是對於目前這個領域有一些初步認識，包含：這個產品是否有競爭優勢？當時市場上代購業者已經非常多了而且很競爭，再加上我還有正職，時間上無法以拼價格的方式賺量，好運的是，查了一下這款防曬 BB 霜在台灣沒有代理商，並且繁體中文圈沒有人知道，好處是比較有利潤空間，比較不會遭遇削價競爭，但壞處是市場上幾乎沒有口碑宣傳，也就是說如果不靠我自己宣傳，不會有人主動要這個產品。

因此我就想到韓國皮膚管理的影片，就很適合拿來推廣這個 BB 霜，因為就在同一個地方，我就在影片裡試試順口講解一下用途，並且在影片資訊欄放入購買連結，至於購買連結哪裡來的

呢？為了要賺錢，我就自己學習架起了自己的蝦皮電商賣場。

作為 500 粉奈米網不紅，根本還沒有所謂的「業配」，第一次業配竟然就是賣自己賣場的東西，剛開始真的有點小尷尬，所以我也只是在影片短短說個兩三句而已，沒想到影片放上去，竟然就真的陸續有訂單進來！

一直以來做內容都不曉得誰看，也很難得有什麼留言，只有跳動的觀看數沒什麼實感，但開始賣商品還有聯盟行銷之後，才感受到何謂網路世界的「自動販賣機」，影片做好就放著，如果做得不錯被平台持續推送觀看數增加，就有相對應的錢流進來。

後來我就持續用類似的方式，在我的商城上架了一些特別的產品，旅遊類型的影片我就放網卡連結，在不影響觀眾閱聽的狀態輕置入一些需求品，讓內容不再只是發完之後看觸及看觀看數就沒了，而是每個新的自媒體內容只要後面有搭配轉換（銷售），都可以像是建立自動販賣機一樣，在隨時隨地的收款賺錢。

　　找到可以轉換的商品，每支自媒體內容，都可以是我們的自動販賣機。

1000 用戶也能獲得 2 百萬創業投資， 一千鐵粉定理

在穩定經營一段時間之後，隨之而來一定會遇到流量焦慮，觀看數高的時候很開心，但隨之而來就不免會開始思考：這個流量可以維持多久？觀眾會關注我多久？下一步是什麼？

當時經營了一年多的我也面臨這個問題，生活還過得去，但事業卡在不上不下的階段，也沒有人可以問，因為當時的同行朋友大家都有類似的問題，更令人感到慌張。

然而在一次機緣之下，我經紀人 Chacha 何雪欣說她公司老

闆在日本有 YouTube 經營講座課程，問我有沒有興趣去學習？雖然有點衝動，不過我當下馬上訂了機票直接過去。

抵達發現會場都是日本人，這算是屬於成人進修培訓的大會，有不同主題，像是投資／管理，我從啟蒙老師 Shen Lim 身上，**第一次聽到「自媒體企業家九部曲系統」，我思維邊界被大幅拓寬，原來做網紅的終點並不是越來越紅變成明星，而是成為自媒體企業家。**

對當時的我來說簡直是當頭棒喝，沒錯，我並不是為了想要成為明星才做自媒體的，我真正想要的是創業，**實現一人公司自由自在的生活，成為擁有幸福生活的自媒體企業家。**

在赴日學習的課堂中打開了我對「用自媒體經營事業」的眼界，但是從知道到做到，這段差距畢竟還是有點大，當時我處在一個不知道未來該如何前進的階段，不過當時我有一個在自媒體經營以外的小副業─幫身邊朋友辦單身聯誼。

　　由於我自己是台大管理學院畢業，老公是台大機械系，我們很幸運的在大學社團相識後穩定交往，但身邊相似年紀的朋友大家出社會之後，很容易因為生活圈限縮，難以有機會認識新對象，基於熱心想要幫助朋友也獲得幸福，我很想要幫優男、優女辦單身聯誼，雖然和我當時在拍 YouTube 的生活旅遊主題類型無關，但我就還是**在自己私人臉書揪了聯誼團，並按人數收活動費，當作 YouTuber 之餘的副業外快**。

　　剛開始舉前 2 次大家都玩得很盡興很順利，但是畢竟是透過自己個人的臉書（非粉專）揪團，到了第三場發現來來去去不少相遇是重複的人，也不免尷尬了起來，我就在想：要如何吸引到更多單身男女一起來聯誼呢？**在沒有任何行銷經費的狀態下，我當時的 YouTube 頻道就是最好的選擇，因此我就開始了與其他系列不一樣的：輕熟女的感情系列連載**。

　　主題內容探討現代女性進入職場之後，生活圈狹窄，如何走出舒適圈邁開步伐，進而參與聯誼主動爭取與新的對象邂逅，剛開始經營雖然觀看數不高，但成功為我吸引到單身族群，因為每

次活動約 20 人以內，所以我需要的也不是好幾萬的觀看數，而是看到的人都是有機會報名單身聯誼的人。

因此在這個系列主題下，我追求「**轉換報名**」大於「**觀看流量**」，有了這個明確的目標，每次上片即使收觀看數不及旅遊主題，作為一開始就訂定的策略也不至於影響心情。

然後接下來又遇到一個問題：看完影片有興趣，但時間關係不能報名這次活動，該怎麼辦？在所謂公域平台（公開社群平台），以 YouTube 而言，我們只能看到觀看數字，但至於每支影片是誰觀看？男生、女生？住在哪裡？如何聯繫？都幾乎無法得知。

於是開始做活動之後我發現，若把影片內容作為宣傳管道會有 3 個問題：

1. 演算法的關係，很多人看到的時候活動已經結束了。
2. 活動日期剛好無法參加，下次開活動的時候又收不到訊息。

3. 為每一次 20 人的活動拍宣傳影片，不符合時間成本效益。

　　而我就發現到 LINE @（現在正名為 LINE 官方號）這個工具，他可以透過群發功能，主動聯繫到這些看完影片，但是還沒有辦法馬上報名的人，用 LINE 官方號通知有新活動，比每次上片通知還要來得經濟實惠不少，因此除了轉換報名之外，我接下來又多了一個 Call to Action 是：「有興趣參與聯誼的人，加入艾琳聯誼團官方 LINE」，做著做著也竟然也累積到了一千多人，讓我從很早期就接觸到官方 LINE 的營運，在群發成本還很低的狀態下，做到了低成本高轉換營收。

✚ 有精準客群也能滾動出大影響力

　　隨著自媒體創作和聯誼團同時經營一陣子之後，2019 年的時候正處在不曉得要不要把聯誼繼續做下去的階段，但某次因緣際會下和我的啟蒙老師 Shen Lim 在吃飯中聊到這個話題，我拿

著官方 LINE 裡面的 1000 多人，對比我 YouTube 的 10 萬粉絲，雖然能賺點活動費，但自覺離穩定獲利還是很遙遠。

不過當時我的老師 Shen Lim 看到我的官方號，卻直接跟我說：「艾琳，妳已經可以用這個官方號的一千人開始創業了。」並且和我分享日本婚活（聯誼公司）的經營概念，以日本來說，一個想要找對象的男性會員，由聯誼公司協助配對認識，一個會員可以收到 10~30 萬日元／年不等，而台灣平均大約 3 萬左右。

試算，**1000 位單身 LINE 名單裡面，只要有 100 位願意加入高級一對一配對，一個人單價三萬元，有 100 個人買單，等於一年就是 300 萬了**，這也是行銷學裡著名的一千鐵粉定理，因此隨著廣告費越來越貴，**擁有精準客戶名單的公司就是一座大寶庫**，不用有一百萬粉絲，只要有 1000 鐵粉，100 個顧客，就可以成為成功的自媒體，這裡的成功指的是，能夠永續／持續經營下去。

在大部分成本是時間勞力的狀態下，這個收入夠一人公司存

活，又可以兼顧家庭，特別是我現在有了兩個小孩之後，更覺得**時間自由是我自己對未來生活型態的最高嚮往，當生活的主控權可以掌握在自己身上，這是錢也買不到的資產。**

在確定了會繼續經營下去之後，我不斷以規劃單身男性／女性會有興趣的自媒體內容話題，增加精準名單還有舉辦線下活動等等，我們的理念是，希望是打造無拘無束的交友環境，在旅行途中，遇到幸福，因此除了一般的快速約會，也規劃了各式各樣的下午茶派對／兩天一夜台灣旅遊聯誼等活動。

這個理念與日本九州的觀光局不謀而合，在 2019 年底我們聯合策辦的四天三夜的聯誼旅遊，啟動台灣版的戀愛巴士，結合旅遊與交友，這個項目號召了近 40 位單身男女遊覽車滿載，一同參加。旅遊最後一天有 7 成的配對率，接下來的兩年還有兩對真的結婚了，其中一對還是我高中時期的好姐妹，不只得到幸福，也幫助相信我的人找到幸福，我想這樣子的影響力的所帶來的深度和感動，實為最有成就感的事。

　　也因為持續經營，到了 2019 年年底我參加的《百萬網者》
（網路選秀節目）的創業募資，在眾多網紅創業家中脫穎而出，
得到 200 萬的創業募資，這當中他們看重的，就是我持續累積下
來超過 3000 名的精準名單（單身的 LINE 官方號會員）。

　　創作者的思維如果還停留在「流量變現」，就會不斷為了吸引流量，去做出一些鋌而走險甚至有違公眾利益的發言，雖然賺得流量，但壞的名聲也沒有任何的變現潛力。相反的，**如果能從流量思維，變成轉換思維，鐵粉經營思維，我相信一定會找到屬**

於自己的路，做得舒服、做得長久，這才是我們的自媒體企業家之路。

這個過程讓我感受到創業這件事的很有趣，剛開始都是從簡單的事開始做，轉一些小錢，但是在行動中遇到一連串的問題，想辦法解決問題的過程中，讓自己會得技能組合包越來越多，很像是以前在玩 RPG 遊戲，一邊打怪一邊升級，升級到一定程度之後，財富就自然而來。

從一個咖啡廳的聯誼活動開始，到 200 萬的品牌創業投資，不用有百萬粉絲，只要有千位精準鐵粉，也能從 0 滾動出屬於自己的財富之路。

從內容為王、流量為王、到現在開始的轉換為王

我在 2023 受邀去 ALA 亞洲創作者大會作分享嘉賓的時候，在分享會內最後一段我說：「**自媒體已經從內容為王、流量為王的時代，到現在是轉換為王，轉換率高的自媒體才活得下來。**」

2023 可以說是華文圈 YouTube 創作者的大停更時代，同一年中很多百萬等級的頻道宣布停更！當然停更有很多原因，不過從內外部都有不少資訊顯示，不少癥結點是卡在「變現」問題，高訂閱數＝高流量＝高收入的時代已經結束了。

在社群平台蓬勃發展以前，KOL 網紅幾乎都是寫部落格的部落客，在部落格時期只要內容寫得好、資訊量充足，加上設定 SEO(Search Engine Optimization 搜尋引擎優化)，出現在 google 搜尋主頁或是部落格排行，完全是流量入口。

但隨著社群媒體 Facebook，Instagram，YouTube 發展成熟，到現在 Tiktok、小紅書，就是注意力戰爭從主動追蹤搜尋到被動收看，平台為給你什麼就看什麼，所帶來的影響就是：創作者的流量完全被平台綁架。

已經越來越多網紅 KOL 發現，訂閱數和流量完全不可靠，內容出去有就算幸得到演算法親睞也只能開心一兩天，在平台推送時代，一個十幾萬追蹤的 Tiktok 帳號上一支短影片十萬觀看，但隨即下一支只有幾百觀看也是常有的事。我認為現今已經開始到了「後 KOL 時代」，使用者雖然容易紅的快，但是被記住的也少，流量不穩定隨之而來的是變現不穩定，因此與其去追求流量，我更覺得現在追求「高轉換率」更來得實際。

✚ 高轉換率的公式＝人 x 貨 x 場 缺一不可

　　而根據這幾年來在轉換率上的鑽研，我認為高轉換率的的公式＝人 x 貨 x 場，三大要素的匹配度，缺一不可！行銷裡面會說是對的人、賣對的貨、在對的場景，舉例來說我有一個朋友是熱血小江，平常台南在地銅板美食，專攻探訪牛肉湯、蚵仔煎、蝦仁飯等沒有華麗裝潢的老店，而他本人身材肉肉的也很有福相，之前受邀去他的頻道受訪：

　　他問我：「人貨場指的是什麼？」

　　我說：「比如說小江你如果賣男性香水，就是對的人配上錯的貨，你在賣時尚男性香水，大家應該會覺得你帳號被盜；但是如果你來推薦老饕麻辣鴨血常溫包，你看會不會賣爆？」

　　他點頭如搗蒜，這就是對的人配上對的貨，而場的部分，就要看你經營的是哪個平台，一般來說食物領域算是具有個大平台適配性，畢竟人活著就要吃嘛。

場的部分在自媒體領域可以用平台劃分，**比如說保健食品、珠寶首飾在 FB 相對賣得動，因為 FB 雖然對新開設的粉專，粉絲成長難度較高，但集結一批 30 歲以上有錢有閒的客群，甚至是長輩也很熟悉使用 Facebook；而 Instagram 以照片短影片等視覺性較高的產品為止，像是時尚、女裝、精品保養品類，TikTok 則是線下商家／服務的機會很大，比如說夾娃娃機、還有聽過脆皮燒肉店老闆拍抖音，結果天天大排長龍**，這些都可以根據受眾客群的使用習慣去探索。

只要確定某一則內容有高轉換率，若投資報酬率有達標，剩下流量靠平台廣告就可以，畢竟平台不也要賺錢，他們不會一直白白一直給創作者流量，而對於內容創作者來說，如果有做到轉換率高的內容（影片發出去即有人買單），**在計算好投資報酬率後，把部分賺到的錢再投入到平台廣告，這就是屬於對事業上的投資，只要投資報酬率有達標，就可以雙贏。**

透過廣告機制，KOL 即使不用一直產出爆款新內容，也能透過廣告持續有分潤收入，在創作授權的部分都可以和廠商談條

件，像是談每月的授權金，因此只要有"轉換為王"的創作概念，
就能夠逐漸創造出穩定金流，有時間琢磨出好作品並不被流量綁
架。

自媒體變現的五個層級，拓展主動業務，每種流量都有收租變現的機會

　　由於早年在日本和 ShenLim 老師學到的自媒體企業家思維，深深影響我後來在網紅事業上的規劃，不僅解決了流量焦慮，而且也為自己逐漸打造出主動業務，其實到現在不管中、小型還是大型網紅，主要的收入來源還是被動等待廠商的邀約合作。

　　但隨著自媒體人越來越多、競爭越來越大，廠商的選擇也很多，雖然我們不樂見，但事實上在提案階段，行銷人員或是不少網紅媒合平台，會將建議的網紅人選一字排開，而廠商們開會就

像在選青菜蘿蔔秤重一樣，以粉絲留言互動率和報價的性價比來
選擇。

在競爭少的時候被選中的機率很高，但我必須老實說，現在
雖然還沒有飽和，但競爭也稱不上少，在人人都是網紅的時代，
如何打造自己成為獨一無二的存在，是現階段經營 IP 的首要課
題，然而我這一路以來教學過很多學生，大家堅持不下去的原因
往往不是因為缺乏熱情，而是一直花很多時間卻沒有看到收益的
話，特別是在工作繁忙與家庭生活壓力大的時候，經營自媒體就
變成第一個被放棄的選項。

因此我想要告訴大家的事，並不是不紅就賺不到錢，而是
「賺不一樣的錢」，少粉絲有少粉絲的賺錢方式，剛開始經營賺
一些小錢，逐漸累積實力往上，積累好足夠量能，一步步構建屬
於自己自媒體變現五層級，逐步實現自媒體創業夢。

下面和大家分享，自媒體變現的五大層級，如何從奈米網不
紅就可以逐步變現：

✚ 自媒體變現的五大層級

自媒體變現的五個層級

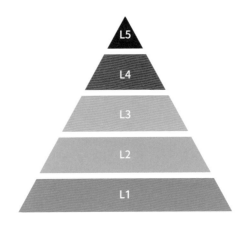

● LEVEL 1 互惠 ──
用服務換取產品／資源交換，換取曝光或試用回饋
● LEVEL 2 團購 ──
廠商提供期間限定優惠，吸引粉絲購買並與創作者進行分潤
● LEVEL 3 聯盟行銷 ──
透過聯盟行銷平台或廠商聯絡，進行分潤合作
● LEVEL 4 品牌付費廣告 ──
品牌圖供固定費用與自媒體經營者進行圖文／影片／直播／部落格等合作
● LEVEL 5 聯名 ──
與品牌／其他工廠一同合作打造品牌／商品

　　L1 互惠——又稱是公關品交換，簡單來說就是廠商給自媒體創作者產品／服　務，而創作者提供推廣文案／影片／照片等，適合粉絲千人以內的奈米網紅，或者是起步的創作者，因為做內容本身也要花錢，所以如果可以免費取得做內容的材料，省錢就是賺錢

　　比如美食創作者可以餐廳互惠吃一頓有內容，或是美妝潮流創作者可以拿到最新產品樣品，率先開箱，在行銷裡面比較專業會說這是「KOC 行銷」，即口碑行銷，如果這個產品服務剛好是你需要的、自己原本就考慮花錢去買的，那這樣的交換也是一種賺錢。

　　L2 團購合作——在一定時間（一般為 3~14 天）給予該 KOL 團購主優惠推廣時段，有特別的價格優惠 or 滿額贈禮，用專屬連結 or 折扣碼獲得方式，依照營業額分潤，一般來說有一定粉絲基數的分潤可以有 15~25%，若是粉絲基數高，又是沒有底費的狀態下，白牌品牌談到 30%的業績也是有的。

然而如果是一般素人團媽，在自己私人群組宣傳，若沒有下單一定的進貨數量，業績分潤一般為 8~15%，要高分潤談判方向得用進貨、批貨的方式囤貨，因此在這個變現項目，粉絲基數還有高轉換製作內容的能力，會是重要的談判籌碼。

L3 聯盟行銷 — 概念同樣是分潤，但會比團購還要長期，適合製作內容符 合長 尾效應的創作者。操作方式會是粉絲有專屬優惠，而內容創作者也有分潤收入，店家也得到顧客和曝光，創造三贏。

這種類型的收入會適合擅長製作有長尾效應內容的創作者，如 :YouTube 影片、部落格文章 .... 因為有 Google 和 YouTube 搜尋的加持，即使剛開始粉絲少流量不高，也可以因為資訊的實用性持續被陌生觀眾找到，因此這種形式的內容就會適合走長線的聯盟行銷。

好處同樣是很自由賣多少賺多少，挑戰是長期分潤通常不會有高折扣，一般約 5~10% 是常態，並且未必會有特別折扣，因

此當折扣不多，又沒有限定時間，就很難讓讀者觀眾看到馬上下單，說不定還有可能在重大節日折扣時在其他電商買，因此會建議聯盟行銷產品的選品原則，需有一定程度的通路限定性，不會到處都買得到。

L4 品牌付費廣告——就是大家熟悉的「業配」，品牌／廠商支付一筆固定費用，會隨著粉絲數量／互動／黏著程度／經營客群精準度而有所調整。

一般來說社群平台累積破萬粉絲較有可能收到業配合作，如果是要收到知名大品牌的業配，則至少需要有 3 萬粉以上，這個數字只是粗估，因為現在品牌除了曝光量之外，也越來越重視"轉換率"，白話文就是網紅一篇內容出來，能為品牌帶來多少營業額？連結點擊率，購買率都是重要指標，而要做到高轉換率，最重要的就是客群精準度。

比如說泛流量娛樂型網紅，和精準 TA 的知識型網紅，一樣的粉絲基數下，精準 TA 型（ex: 理財、自我成長、3C 科技等等）

的報價可以是娛樂型的 3~5 倍也是屢見不鮮，但是相較來說廠商數量也會比較侷限，但是若能找到長期配合的品牌，也能夠有穩定的收入

L5 聯名開發產品——當與某廠商有長期合作關係並且效益都不錯時，品牌也會找 KOL 一起開發給該受眾的產品，ex: 我和 Olivia 內衣一起聯名開發職場女性的孕婦裝，和悠活原力 YohoPower 開發給挑食小孩的無添加青汁蔬菜果凍等等。

由於在產品開發過程 KOL 也會相對的付諸比較多心力，像是討論打版、多次口味試吃、搜集粉絲回饋等等，因此聯名產品是可以與品牌洽談，未來無論是從何種通路售出（品牌商 or 網紅 or 其他通路商）都有長期分潤收入。

舉例來說大家可以看到的某某網紅聯名御飯糰 / 冰淇淋，手搖飲口味聯名等等，這些聯名一般來說會有製作費和授權金與分潤收入，至於比例就要看創作者團隊與品牌之間如何洽談，通常要有 10 萬粉絲以上較容易有與品牌合作聯名的機會。

　　＊要特別注意：如果是公關品交換，要衡量的是這個產品對於你創作內容本身有沒有加分？比如說拿到的美妝品很普通，或是不知名品牌大家沒興趣也不想了解，明明沒拿錢卻因為認真分享看起來像業配合作，讓自己的版面看起來像廣告，這樣還不如不拿。

　　分享一個故事：我有一個學生疫情中被裁員，所以就自己在家裡拍三餐煮食並經營 FB，大概累積 1200 粉絲，就陸續收到一些食材廠商的互惠邀約，廠商不定期會提供雞胸肉等料理食材新品，只需要在料理照片裡的文章有備註就好，也不用特別寫很多廣告文案，他就覺得很開心，平常需要花錢購買的食材，透過互惠的形式，認真做自己的內容，就能免費獲得生活必需品，對他來說也等於是賺錢。

　　我覺得很有趣的地方是**在自媒體時代的互惠合作，就像回到以物易物的樣態，跳過金錢，直接得到需要的東西，這不也是一種變現？**

綜合以上，不管是奈米網紅還是經營到中大型網紅，在虛擬網路世界創作內容可以換物，也可以變現，也可以先慢慢累積，先從獲得信任感賺得未來的變現；就像是我們小時候玩的大富翁，製作一個內容等於蓋一間房子，對經過而留下來的人收租，如果你也想要體驗「收租」的快樂，不如考慮看看在 5G 時代，用你的自媒體內容蓋房子，後面篇章會有我實際的案例。

說好的分潤呢？
從被騙開始聯盟行銷

當時我已經是裸辭全職經營自媒體的狀態，打算給自己一年的時間，如果做不到養活自己，就會回公司上班，因此這個創業是不成功便成仁，即使到現在，還是不時會夢到我無法持續經營，而需要回公司跟前同事們 Say Hello 的囧樣。

也因為有財務壓力和前述經驗，我在做內容的時候不是只有關注主題企劃，而是能如何讓效益最大化。暫時從韓國旅居回台灣之後陸續收到合作邀約，無奈即使當時我已經兩、三萬訂閱了，來的合作邀約還是多已無酬互惠為主，我可以理解商家賺錢

也不容易，所以除了賣貨之外，我在日本和 Shen Lim 老師學的「聯盟行銷」，就想要來用用看。

當時回台灣有接到一個小針美容針灸案子，因為我感興趣所以和該診所溝通，想要用聯盟分潤的方式，如果沒有導客就不用給我錢，但是如果有我的粉絲去，希望可以報我的名字有優惠，然後能夠辨認出來之後分潤 10% 左右給我，對診所來說沒虧，有導單才需要付錢，診所也欣然答應，但事情卻沒有如想像中的發展順利。

影片上線了一個多禮拜，雖然有幾千觀看，但診所那邊沒消沒息，很沮喪覺得自己推廣是不是沒有說服力？當時我心裡想，好險沒有厚臉皮去跟店家要推廣費，不然 0 帶客很丟臉之類的，但沒想到兩三個月之後，陸續開始收到一些 IG 私訊告訴我他們也有去，還有做了體驗以後覺得很不錯，想要包課程所以來私訊問我問題，我在訊息中確認他們是真的有去消費而且有用我的折扣，那我這邊怎麼完全都沒拿到分潤？

當時我就截圖跑去問窗口，我截圖記錄下的名字該有的分潤事後有轉帳給我，但心裡不禁在想，這些是有來和我回饋的，那沒有回饋呢？才發現**這種用口頭答應的聯盟行銷，其實會有不少盲點，其中一個就是：「辨認」問題。**

這個對電商來說很容易，是一個專屬連結或折扣碼可以了事，但是線下實體店家就不一樣了，這種店家通常是接電話，要大品牌才有可能做到有系統網路預約，而他們家也是以電話預約為主，再加上我當時名氣也不大，有些人可能看完影片預約去做，也不曉得他們是看誰的影片（很像是我們看部落格找資料，看完也不一定會記得是誰寫的）。

所以如果是和實體線下店家進行聯盟行銷，並沒有官網或優惠碼，只有口頭答應的狀況，會產生以下問題需要思考：

1. 店家單向紀錄無法同時共享，導致資訊不透明難以辨認。
2. 有些人去但不一定會記得是誰推薦的。
3. 該店家窗口與第一線服務人員表達的完整性。

　　接連幾次我覺得自己被騙之後，一氣之下就把影片隱藏起來了，但後來陸續有和不同商家談才發現，不是只有他們，很多店家都有一模一樣的問題，所以如果沒有解決系統性的問題，再怎麼談也無濟於事，該說是因禍得福嗎？這個契機也讓我開啟了後續經營官方 LINE 並創造高轉換的重要契機。

HEADLINE

破除流量綑綁！
從幫助觀眾開始的
旅遊服務創業

● ● ● ● ● ●

隨著韓國旅遊主題做多了，開始會收到觀眾各式各樣的提問，像是問影片內介紹的餐廳過年有沒有開？或是首爾各景點的交通要怎麼走？有時甚至連旅遊網頁上的服務內容也會來問我，雖然自己是很熱心助人沒錯，一方面希望可以盡量幫忙，但另一方面又覺得我也不是那些店家的員工，很多問題可能我也不知道，並且很多內容已經是自掏腰包去拍攝了，卻還要做後續的服務，承擔屬於店家的責任，確實有點吃力不討好。

而當時還面臨一個挑戰，即使想要幫忙，但是 YouTube 留

言並沒有即時性，就算回了也不曉得對方是否能即時收到，或有沒有後續衍伸問題，因此我就開始思考，有什麼是我可以做到的協助？於是我開啟了從「解決」別人的問題開始的創業。

　　為了解決服務的即時性，我找了一下市面上普及性高又可以即時聯繫的 APP 像是 LINE 官方號、FB 的 messenger、Instagram 私訊、what'sapp、Telegram……等等，**最後選擇使用 LINE 官方號，其中一個最主要的原因，除了回覆訊息之外，他還可以做到「群發通知」，在從日本學習到的自媒體企業家九部曲系統中，Step 6 即為漏斗行銷，漏斗行銷旨在解決創作者經營社群平台「被流量綁架」的問題。**

　　因為平台演變到最後，隨著創作者越來越多，平台也要給新人機會，從以前的「追蹤推播」，演變到後來變成「興趣推播」，也就是說以前是訂閱的創作者上片後，平台就會推送給訂閱者會看到，但現在大家滑短影音會發現，跳出來的人自己根本就不認識，**那是因為平台會追蹤使用習慣，去推薦你現階段剛好在關注的議題／內容**，是如今自媒體創作者須面對的平台演算法變革。

　　這樣造成的影響就是：追蹤數無效化，亦即粉絲數與流量高低的關聯性越來越低，因為現在各大社群平台的演算法，選擇曝光的內容越趨以觀眾興趣／時下熱點為導向，而不是追蹤數。

　　即使是累積很多粉絲，若偏離原本的主軸領域開創一些新的題材內容，就很容易不被平台推送，或是追蹤者興趣缺缺造成曝光點擊率低，很多內容就不會被往後推薦給其他已追蹤的粉絲，更別說是拓展給陌生觀眾，導致會有一個現象：高粉絲數的 KOL 流量 M 型化越來越嚴重，這個在各大平台都有類似的現象。

　　而使用 LINE 官方號，就可以解決部分被流量綁架的問題，至少我們聯繫得到需要我們產品或服務的人，即使那一天平台帳戶不小心被惡意檢舉，或是遭到詐騙被盜帳號，還有一個管道可以聯繫粉絲，不至於人間蒸發。

　　於是接下來我的任何關於韓國旅遊的影片，我都會在裡面放：「有任何疑難雜症，加入韓國小幫手 LINE 官方號，我們協

助你。」所以一些原本會留言的各種問題，就變成在官方 LINE
後台處理，我們統計之後，整理出幾項最常見並且我們能夠提供
的服務，分別是：

- 韓國接機送機服務（與旅行社配合）
- 網卡訂購（聯盟行銷分潤）
- 韓國中文包車（幫忙找到配合會講中文的韓國人專業導遊）
- 韓國餐廳（不少知名餐廳要先訂位，需要有韓國手機）
- 韓國美容美髮代訂 - 不會講韓文，我們還衍伸可以加購中
文翻譯陪同的服務
備註：這個服務已於疫情後結束。

　　當時營運的韓國旅遊攻略系列積累超過萬名會員的「韓國小
幫手」業務，為粉絲觀眾提供韓國旅遊過程中的疑難排解之外，
更媒合了相對應的代訂服務，而我則在當中收取部分的服務費，
於是除了賣貨、聯盟行銷之外，我的第一個微型創業正式成立。

　　說實話在成立這個服務之前，我做的韓國影片大部分都難以

回本，因為拍攝除了有器材、剪輯軟體、字體音樂等固定支出之外，每一次的取材不管是去哪裏，都會有一些內容用途的支出，比如說我印象很深刻，有一次男友（現在老公）公司休假時來韓國找我，然後我帶他去逛韓國夜市，在當時我還沒有什麼收入，每次逛夜市的時候都只買一兩樣，隨便一家串燒或是牛肉潛艇堡，買下來大概都要 350~560 台幣左右。

　　當時男友（Vincent）來找我，想說他難得來旅遊，請他幫忙拍影片，這樣我就有內容可以上傳，就可以心安理得當作是取材投資，於是很開心的一次點了 5 樣在影片拍給大家看，花了大概兩、三千元，如果只是我自己一個人，絕對捨不得花這個錢。

　　上面例子告訴大家，初期創作者就算簡單做個旅遊美食的內容，不包含時間成本，實際支出至少就要 3000 元成本了，在我正式成立韓國小幫手以前，說實話許多影片創作是無法收支平衡的，當時是想辦法說服自己，這些都是創業的投資，反正給自己一年的時間，如果沒辦法損益兩平，那就回去工作了，所以每一步的思考不是創作而已，能成功變現是首要任務。

在有了「韓國小幫手」服務之後，我接下來做影片就不再心酸了，因為大部分旅遊主題，都可適時帶入網卡、包車旅遊、代訂翻譯服務費，有些項目像是代訂餐廳雖然賺的錢不多，但或多或少可以貼補製作成本，而且還可以增進與粉絲之間的緊密度。

我的自媒體內容不止提供資訊，還一連串的解決了他們的痛點，比如說介紹韓國在地人才會去的隱藏版店家，因為不是觀光客店很新奇之外，又可以讓看了想安排進行程的人獲得協助，在美髮代訂的服務中，還增加了中韓文即時口譯，能幫助與韓國人髮型設計師解決溝通不良的問題，又讓我在初期就多少賺到一些錢回本，可以說是雙贏！

也因為這個服務，還有**垂直主題（集中主題）的自媒體內容，蒐集到很精準的客群，對去韓國旅遊有興趣，我也因此辦了三場粉絲見面會，就是直接和旅行社合作，帶著觀眾一起去旅遊！**

我以前常常覺得網路世界有時候很虛浮，大部分時間我們看到的只有帳號和數字，但是透過一些服務還有線下活動，可以真

實與人面對面，建構和粉絲實際的交流帶來的峰值體驗，才是在
人人網紅時代，找到自己的缺一不可。

HEADLINE

以終為始的個人哲學，解決別人的問題就是商機！

2019 年底因緣際會在朋友的推薦下，我加入了 BNI 商會（Business Network International 商業網路組織），裡面多為專業人士，有產品服務的創業家，通常都是我們沒聽過的品牌，以 B2B(企業對企業) 的產業類別居多，像是：國際運輸業、病媒蚊防治、南北貨業、OA 事務機、冷凍蔬食派餅代工等等，就我所知我是少數以創作者的身份加入商會，畢竟這可不是好差事，除了每週二要早上六點半開始開會（你沒看錯，所以通常五點要起床），還有很多權利義務像是要帶來賓、和夥伴小組對接一對一等等。

　　我是在疫情間 2020 年加入，當時也是我和 Shen Lim 老師團隊一起成立自媒體大學教育品牌的第二年，雖然市場上已經有不少社群平台經營教學的課程，這個行業的收入模式對於有在關注的大眾也不陌生，但在以青、中年四十歲以上為主要參與者的商會中，我的行業別顯得很新鮮，也是大多數企業主會想要了解的部分，因此我在裡面也看到「企業自媒體培訓」的一個新市場。

　　原本想要主打教育為核心，但我發現其實企業老闆們最缺的不是學習，而是解決方案，他們可能沒有時間上我的課，但他們有錢購買自己公司需要的服務。

　　在疫情期間我們商會夥伴有一些主要通路在百貨公司或是展銷會場的，比如說台灣 30 年百貨品牌鼎王鍋具、迪化街南北貨燕窩靈芝廠商，面向國外觀光客的伴手禮、果乾等等，就是疫情下的海景第一排。在沒有營收的狀態下又要養一群員工，我們商會甚至有旅遊業的老闆，撐到第二年把自己的房子賣了，也不願意裁撤掉和自己一路打拼過來的老員工，每次聽到這些故事都會讓我不禁思考，有沒有什麼是我能力所及可以協助的部份？

疫情對於有些人而言是危機，但對像我這種本來就在網路上做事的人，購物網路化反而是我們的機會，於是**我和老闆們說：「有網路，就不要只走馬路」，這句話打動了不少老闆，接著以我們商會為核心，連續辦了好幾場針對企業主的包班自媒體經營課程，拓展台灣中小企業銷售的全新渠道。**

然而學完之後又遇到一個問題，即使知道很重要想開始做，也會遇到內部組織、編制問題，比如說即使知道品牌公司自媒體的重要性，但是也不太可能一條龍都老闆自己做，要找人做，又有自媒體人才招聘還有培訓一連串的問題，導致學完之後也很難開始執行，不過一路以來解決別人的問題就是我的商機，在裡面繼培訓之後，開始以企業外包服務的方式幫有錢沒時間的老闆們做商品電商化的數位轉型。

從 B2B（即「企業對企業」）的進口商批貨形式，轉型到有自己的 B2C（即「企業對消費者」）品牌，通過我們發案以自媒體網紅的力量做到團購行銷，真正進入後才發現這真是一個大工程，**從品牌設計、電商網站到製作有吸引力的產品銷售介**

紹，接著經營 LINE 官方社群，最後規劃 YouTube 頻道進行自
媒體的引流，都需要一手包辦，不過一連串的操作下來確實成功
創造了不少好成績。

像是從 0 為燕窩品牌打造線上千萬營收，或協助優化消費者
流程，讓台灣品牌鼎王鍋具的電商網站達到 3 倍以上的營業額成
長，其中很多專案我也是第一次做，但因著合作方的信任還有不
斷的測試，**我竟意外開啟了公司的新服務項目—中小企業品牌數**
位轉型，這些經驗值也成就了我在線上經營轉化能力上很重要的
成長。

而後又把這些接案服務運用上的技能，繼續灌注在自媒體大
學的課程教學裡面，一個人能服務的公司有限，但是我將知識系
統化傳遞出去，我相信我們的教育對社會而言，不是只有在創造
更多網紅，而是變成一個自媒體產業人才生態系，有不少同學學
完之後，便開始了自己的企業接案服務開始創業，線下見面的時
候還特別前來感謝我，這也是我剛開始進入教育領域的時候始料
未及的。

　　對於我這種大部分時間生活在網路上的人來說，加入實體BNI 商會除了拓展生活圈之外，我在當中也見識到了台灣中小企業，是如何透過產業串連做到資源整合，使公司規模可以持續維持在彈性高、精簡化人力最大化競爭力的方式有韌性的存續下去。

　　而我深感這一切成功的關鍵，就是在還不確定會發生什麼事，或是能成就到什麼目標的時候，就先選擇全心投入並且盡力下去做好每件事，雖然很多企管行銷學裡面注重：「以終為始，先想好目標再開始行動。」但**在我身上的成功密碼則是：「以始為終」，很多時候用空想的想半天也不知道，要先做了，才會發現問題，發現問題之後解決問題，就能不段積累自己的實力，等到實力到了，機會自然會在因緣具足的時機來到。**

　　行動才是一切的關鍵，解決別人的問題就是商機所在。

H E A D L I N E

推己及人，亞洲領先的自媒體教育平台－自媒體大學（學海）正式成立

由於 Shen Lim 老師的自媒體企業家九部曲系統，完全影響我接下來的內容製作思維與心態，讓我從增粉、追流量思維，變成「轉換變現」思維，開創多種變現來源，收入也越級翻好幾倍，因此在加入 Shen 老師的經紀公司 Cool Japan TV 之後，我跟著跑遍台灣、馬來西亞、新加坡、香港舉辦實體課，於 2019 年我們一起投資的線上亞洲領先的自媒體教育平台自媒體大學（學海）正式成立，從實體課開始轉戰線上課程教學業務。

創辦人 Shen Lim 曾說過一句話，在自媒體的路上能夠長久

經營的人,他們身上有的關鍵特質是什麼?是專業嗎?是拍攝剪輯技巧嗎?是抓眼球的能力嗎?這些都很重要,但不是關鍵,最重要的是:是否對自媒體時代感到興奮?

✚ 媒體技術的進化

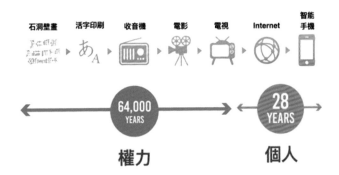

　　要了解自媒體,首先要了解媒體,而媒體是自古以來人類「傳遞訊息的媒介」,互聯網開始的 28 年以前,人們接收什麼樣的訊息,掌握在「權力者」的手上,因此從文字出版,到廣播收音,到電影電視,都不是一般市井小民可以輕易接觸的,一般

社會大眾都只能站在訊息的「接收者」的層面。

　　然而因為**自媒體時代，有了網路、社群媒體，溝通從單一的一對多，變成的多對多，在自媒體時代，人人都有為自己的想法發聲的權利**，這在現在看起來是很理所當然的事，但如果早 50 年出生，市井小民要有話語權，幾乎是不可能的事。

✚ 溝通模式的進化

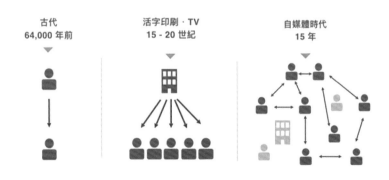

古代
64,000 年前

活字印刷 · TV
15 - 20 世紀

自媒體時代
15 年

人人都能成為媒體

理解到這一點之後，就能打從心裡為自媒體時代感到興奮，一個內容產出後，**如果傳遞的是自己真心想要訴說的理念價值，不管多少人點讚多少人留言，都能由衷感到作為一個媒體發聲，是多麼難能可貴的事，而這個價值並不只限於發聲，還有強大的創業變現潛力。**

我自己是一路唸書唸上來，在剛畢業的時候沒有可以獨立創業的一技之長，沒有資金，作為公司裡面的小職員，竟然可以藉由拍旅遊生活 Vlog，到現在連續創業 3 個品牌，並輔導孵化數十家廠商進行線上通路數位轉型，這一切都是從一支手機一根自拍棒開始。

因此我們的學院的理念，正是希望透過自媒體教育，實現 3 個使命：

1. 做自己喜歡的事情生活
解放個人的潛能及熱忱，追求無悔的人生。

2. 一同幸福的幸福

追求所有學員物心兩面的幸福，貢獻全人類及社會的進步。

3. 世界因為彩色而美麗

追求多元性的自由，探索世界的美麗。

世界很大，路很寬廣，每個人都可以在這個時代透過自媒體，贏回事業人生的主導權

Chapter

4

居安思危，
未來自媒體的下個紅利

抓住市場中的「吉星」！

我是如何透過劃分市場看見機會與危機。

常常在受訪時被問到，究竟支持我不斷成長的關鍵是什麼？

思考到後來覺得是「居安思危」的觀念，

與以前台大管院學到的 BCG 矩陣息息相關，

所以這個觀念一定要讓大家了解，相信就能讓自己不斷成長。

提前佈局，如何預測未來自媒體的趨勢紅利

技術不斷革新，以前做自媒體內容需要會使用相機收音等各種器材和剪輯設備，沒有相關知識的話一切從頭學有一定的難度，但現在手機就可拍 4K 還會自動白平衡，甚至手機剪輯軟體也越做越好，硬實力軟實力化後，現在又有 AI 剪輯與上字幕，這些都大幅度降地經營網路的進入門檻，與其追求爆紅，不如追求"長紅"，所以重要的是航道的掌控，要能夠續航，一定要懂得『不安於現狀』，在口渴之前先挖井。

抓住市場中的「吉星」！我如何透過劃分市場看見機會與

危機。

常常在受訪時被問到，究竟支持我不斷成長的關鍵是什麼？
思考到後來覺得是「居安思危」的觀念，與以前台大管院學到的
BCG 矩陣息息相關，這個讓我能夠策略性地去調整個人品牌還
有公司收入模式的發展方向，BCG 矩陣如下：

✚ 經營策略工具：BCG 矩陣

簡單說這個矩陣讓我們在制定策略的時候，能夠把先把市場
還有目前公司經營的事業部先區分成四個象限，再藉由這 4 個象
限制定不同的發展策略。

比如說為什麼企業要不斷地開發新產品，投入資金進入研
發？因為挖掘 Star（吉星）是要投入成本的，投十個可能最後只
有一兩個會賺錢，但成功的話就會在未來變成 Cash Cow（金牛）
為公司持續帶來穩定收益，同時很殘酷的，目前的 Cash Cow 總

「史上首見」經營策略工具：BCG 矩陣

1969 年，剛進 BCG 一年的菜鳥顧問李察‧洛克瑞吉（Richard Lovhridge）為了整理客戶公司數據，不停苦思如何呈現分析，結果而發想出此 BCG 矩陣。

市場成長率

高

問號

重點是投資，從中挑選可能變成明星者，投入資源，推動成長。

吉星

需要投入大量資金，積極獲取市占率，但是現階段收入並不高。

低

高
市場市占率

落水狗

獲利低，無須再投資，並應該找售出機會，退出市場。

金牛

獲利穩定，可用於投資明星，或是挹注問號中有機會變成明星的事業。

低

有一天會因為競爭者的不斷加入，整體產業利潤越來越低，進而變成 Dog（落水狗）。因此**要能夠持續有競爭力，就是要不斷重複用金牛賺的錢，培養吉星，吉星變成未來的金牛，繼續投資培養下一顆星。**

這個觀念影響我甚鉅，雖然用在經營個人品牌的思維上，就是讓人知道，現在很好賺的，總有一天會「沒那麼好賺」，所以要在還有得賺的狀況下，盡快投資時間和錢在 Star 的項目，而不是所有錢都放自己口袋，賺到錢就跑去買車買名牌。

舉例來說，在 2020 年的時候我的 YouTube 訂閱數約 20 萬，當時一支影片的業配價格平均落在 8~12 萬之間，一個月可以接 2~4 個合作，而當時工作室的支出配置只有我，加上攝影師和一位正職剪輯師和經紀公司的分成，還有其他器材等公司雜支扣下來後，大概還有 3 成左右的利潤可以存下來，乍看之下日子過得不錯。

但當時已發現幾個危機，像是：

1. 品牌分散化合作 KOL 的策略，難以接到重複品牌案子

以接觸過的品牌來說，照理來說會覺得如果第一次合作成效好，就很容易有第二次第三次的合作，有些是如此，但不少品牌或代理商，因為市場規模的關係，希望創造很多人在推薦這個產品的現象，因此跟我合作完，不管成效如何，下次公司在提案的時候，就會去思考還有哪些其他類似受眾的 KOL 可以找，導致整體而言要重複獲得同一家廠牌提供業配的比率並沒有想像中容易。

2. 競爭者越來越多，報價的削價競爭已開始出現

不管在哪個產業都是，當只要有一個產品／服務好賺，並且利潤高，在供需原理下勢必會吸引更多競爭者，而網路創作隨著技術門檻降低，和其他新創投資事業動不動就要幾十萬的加盟金比起來，又是一個低門檻好進入的領域，就像我當時也是一支手機、一根自拍棒就開始自媒體創業，在廠商數量變化不大的狀態下，創作者激增勢必會導致報價上有削價競爭。

3. 同一個產品推薦各家廠牌，對於追蹤者信用度不斷損耗

這是很現實面的狀況，頭部網紅不用擔心會沒有廠商，但對於中型網紅來說選擇就不多了，所以我也有不少 KOL 朋友在產品不錯、品牌知名度高的時候，能接多少算多少，因此看過不少例子，特別是生活型的內容說服觀眾的方式是 "品牌是自己在用"，但如果為了接案，一年內推薦各不同家的 5 台空氣清淨機，或是 3 台以上不同品牌的除濕機，這樣的狀況就會讓觀眾不禁留言質疑：「所以到底你覺得哪個最好用？」，導致創作者的角度自己明明是作為一份職業在接合作，但卻容易收到觀眾的負評，就是認知角度不一樣所導致。

✚ 關於合作案件 KOL 端、品牌端和消費者端，想的不一樣

基於以上種種原因，把握當下的機會賺取利潤固然不錯，但如同前言，CashCow 總有一天變成 Dog，因此我們要思考的是

如何居安思危，尋找奠基未來經營道路的基石，在衡量上述潛在危機之後，我決定投入時間資源在當時很多 KOL 同行都不願意做的「團購市場」。

原本創作者的工作流程應該是影片／文章審核發布之後，就沒我們的事了，但是團購很辛苦的地方是，在開團 7~14 天之內，幾乎每天都要想不同的方式催單，然而，即使很用力在宣傳，成效與收入和努力不一定成正比。

印象很深刻，第一次團購是幫我的商會夥伴賣低溫烘焙無添加果乾，一包市售價 280 元，團購優惠一包不到 200 元，應該很好入手，結果用力推薦的一週內，每天發限時動態還有分享各種吃法，最後賣出 4 萬多元，以一般電商合理通路分潤 20% 來說，辛苦工作了一整個禮拜只賺不到一萬元，任何一個人來看這件事，都會覺得還是多接一點業配（一次 5 萬）比較實在。

一開始我也這麼想，但後來因為 KOL 好友蕾咪而接觸到幾位早在部落格時代就開始活躍的前輩，他們同樣面臨部落格變

得很少人看，廠商資源還有粉絲都不斷往其他紅利平台（FB、YouTube、IG…）流動，在這樣的景況下，不少收入和流量維持不下去銷聲匿跡，但是也有不少進行轉型後，靠著「團購」做的風生水起，接不到廠商業配也沒關係，團購賣多少賺多少，大家各憑本事。

其中讓我最動心的就是在業界聽到，有不只一位部落客前輩，靠一檔團購的收入，可以淨賺 500 萬（不是營業額，是淨利），甚至知名藝人帶貨，單團營業額千萬，分潤數百萬都屢見不鮮，聽到這個我簡直驚呆了，如果我的思考範圍是業配 10 萬 VS，團購一週 1 萬分潤，怎麼想都是接業配比較實在，但是如果只固守業配這個收入來源，就會持續面臨上述提到的危機。

團購賣多少賺多少，能掙多少各憑本事，這個邏輯很像產業界各家公司的業務 Sales，只要願意做成效好，收入就能無上限。因此我就開始認真去鑽研團購領域，究竟賣的不好的關鍵是什麼？試錯各種方法後，成功用不到一年的時間，從單團兩萬營業額，做到年營收千萬以上。

　　由於我是少數在 YouTuber 領域認真做團購的 KOL,因此 2021 年受邀影音創作者大會分享團購這塊領域的時候,被問到團購是不是吃力不討好?**為什麼有業配前還選擇要投入要經營我說:「萬事起頭難,就像我們剛開始拍影片也是沒有任何收入,業配報價是固定的,但是團購如果做得好,收入潛能是無上限的」**。這個概念後來讓不少影音創作者跟我回饋,就是因為聽到我的那番話,終於打破心魔,開始接分潤配合的案子,後來也成功脫離只能接業配的迴圈。

　　到如今我在好幾次創作者交流會上,聽到不只一次大、中、小創作者都在說最近是淡季、合作案量變很少⋯⋯等等,每次聽到這樣的討論,都會慶幸自己早在幾年前就走上團購這條路,現在才能倒吃甘蔗,而這就跟以前學到的 BCG 矩陣策略思維有關,讓我願意在業配(CashCow)還很好賺的時候,投入時間精力養 Star(團購),經營了三、四年,團購也變成了我的 CashCow,果不其然到現在,原本沒在做的 KOL 也都進入團購領域,不過我也預感接下來馬上會進入一波分眾紅海化。

　　或許不少讀者讀到這會覺得，那前面我所謂的時機紅利是不是已經過了？時機紅利本來就會不停變動，所以未來仍有無數的機會等著我們去發掘，因此上面分享的 BCG 矩陣思維邏輯還是得力的工具之一。

　　上文用三四年前的團購的例子分享了決策的過程，而正著手出書的現在，其實就是我積極佈局的下一個 Star，至於我是如何思考的？下一章和讀者剖析。

H E A D L I N E

學習獅子般靈敏的嗅覺，預見團購後的下一波紅利趨勢

前陣子我一直在思考，究竟網紅和明星有什麼差別？以前的明星需要電視台賞識，並且不斷爭取上節目和曝光的機會，**但現在是自媒體時代，想做自己的節目，隨時可以上傳到 YouTube，想發布文章也不用投稿報社，在 FB 上隨時都可以傳遞所思所想**；反觀一般藝人如果沒有跟上自媒體的腳步，或是如果沒有大舞台大作品的經歷，就很容易被淹沒，成為時代的回憶。

然而，為什麼這麼多知名大品牌，在找形象代言人的時候，還是會找藝人呢？之所以思考這個問題，是因為我下一階段的目

標，並沒有想停留在所謂「帶貨網紅」的框架中，雖然我對自己
為品牌創造的營業額很自豪，但同時，作為一位企業家，我也得
從品牌的角度去思考，才發現所謂藝人有一個非常大的優勢——
大眾知名度和影響力作品的堆疊。

對於網紅或KOL來說，一個影片作品工作時間快的話 3 天，
慢的話 1 個月，相較於精雕細琢，追求的是速度與數量，因為量
太少的話很容易被平台演算法的洪流淹沒，不是說不重視品質，
而是需要在一定的時間限制內，想辦法做到卓越。

然而影視作品又是不同等級，集結了眾人之力和演員精湛的
演技，專業導播導演、錄像還有收音團隊，所呈現出的震撼自然
勝過我們，因此一個成功的電視電影，幾十年後還是能夠讓人所
回味，並且針對裡面的劇情津津樂道，這正是專業影視作品的威
力。

以前的網紅因為技術和時間門檻的關係，**並不是人人都有辦
法花這麼多時間投入，不過在這個時代，即使看起來外型不起**

眼，穿著平凡的素人，也能透過作品不斷積累流量和追蹤數，並逐漸累積到不輸明星的知名度，像是在影視領域深耕已久頂流作者蔡阿嘎、阿滴、Joeman 和 Howhow 等，也有像是從 YouTube 起家的創作歌手 Ariel 蔡佩軒，直接就被 Sony 唱片公司簽下。

現今各大平台力推短影音的內容形式，使得所謂素人網紅越來越多，更接近 20 世紀普普藝術大師安迪·沃荷所述：「未來，每個人都有可能出名 15 分鐘。」。而這不是未來，就是現在！

雖然在 Tiktok 上不缺百萬流量的素人作品，但**流量如同潮水，如何在潮水來的時候盡可能多接住一些水，把流量留住並產生記憶點，讓路人變粉絲，粉絲變鐵粉，這才是關鍵。**

從這個思維著手，以前的我比較走 MVP（最小可行化）路線，盡量用最少的力最省的成本完成所有事，近期則是開始嘗試洽導演團隊，從設計腳本到鏡位，還有專業形象顧問、治裝，即使做一個作品的收益固定，但我把這視為在「個人 IP」上的投

資，所以選擇拉高製作規格在廠商合作上面，**讓品牌感受到找我除了能曝光外，還能連帶透過高規格作品，提升品牌形象，同時我也能為自己積累高品質的作品。**

而繼團購之後，我認為會持續有發展潛能的風口應該就是短影音＋直播帶貨＋知識經濟，我自己一般在觀察個人網路經營趨勢紅利的時候有 2 個判斷指標：

1. 國際發展趨勢
2. 自身所處市場內部競爭態勢
3. 使用者習慣是否有變化

以國外發展趨勢來說，會看使用的是哪個平台的角度來決定，比如說之前觀察 YouTube，我看的就是美國、日本發展到哪裡，那假設要經營短影音／直播市場，就會看中國目前在哪個一階段，也就是所謂的時間差。

時間差的概念是，如果我們早就知道未來什麼會熱門或是大

賺一波，那現在投入就有很大的機率會賺錢，比如說 2008 年我們開始使用的臉書，在十年前創業商家如果知道投放臉書廣告，投資報酬率可以達到 1 比 10 到 20，只需持續投放廣告，定期換點素材，就可以輕鬆在網路上賺取被動收入。

但現在 meta 廣告，一般專業代操給案主的預估也是轉換率 1 比 2、3 是常態，能到 5 以上就要偷笑了，所以現在下臉書廣告的人肯定不禁會想，早知道十年前就應該開始投臉書廣告了，即使不一定這麼好賺，還是會賺得比現在多。

上面那個例子同時具備了「時間差」還有「資訊差」，臉書畢竟是美國的社群平台，早些年台灣 FB 廣告還不普及之時，就有一群人看到英文圈商業大老闆透過投資 Facebook 廣告賺到錢，於是在華文圈競爭不激烈的時候就先投入，賺取了時間差的利益，而能夠做這個行動，便是利用了海外／華文訊息內容的資訊差。

從這點來看，如何判斷未來我們也會走向短影音＋直播雙

重帶貨＋知識經濟的趨勢，可以參考中國電商獲取資訊差，中國因為市場競爭激烈，現在能夠突圍的短影音，已經不是普通人在轉花跳舞，而是過往電視節目的製作團隊，以高規格做出有創意的內容，甚至做成短劇形式的都有，雖然各國民情不一樣，但我自己個人的外包影音團隊，就有不少人是過往在電視圈工作，但是因為電視娛樂產業縮編被裁員，加入到新媒體領域，所以對照之下趨勢發展有所吻合。

如果這個賽道未來的競爭態勢的紅海化是以這個基準為標竿，那麼現在投入進入此市場做短影音＋直播，是有紅利的，紅利指的是：還不用很厲害的規格技術，就可以做出破圈的內容，即使自己還各方面能力還沒有很完善，但仍然有時間可以邊做邊累積實力，並在這個賽道上贏得成績。

至於我怎麼看直播這件事也是用同樣邏輯，直播帶貨在中國夯好幾年了，並且一線美妝品牌像是雅詩蘭黛、蘭蔻…等，也都有官方 24 小時的直播間不斷帶貨，甚至連精品品牌如 LV 也進入這個賽道，因此在拍攝規格上，常常可以看到十幾人的團隊在

輔助一個主播，相比之下現今在台灣用手機一個人播，就有機會有人看，這也太幸福了吧？

這點就是我和一般人選擇要不要進入一個賽道時的關鍵差異，一般人看競不競爭，是直接自己搜尋發現"很多人在做"，但這個「多」是以絕對值的的概念來看固然不少，然而我會建議大家再判斷競不競爭時，要用"比較級"的概念，100 人裡面有多少人在做？而 10 個 KOL 裡面又有多少人在做？用這個基準，就會發現處處充滿機會。

✚ 何時候開始都不嫌晚，真實的行動比遲疑更有力量

我線上、線下教過非常多的學生，每次一定會被會問到的問題就是：現在進入 YouTube、FB、IG⋯經營，還來得及嗎？2019 年的學生在問，即使到了 2024 年我寫書的當下，還是有學生在問一樣的問題，然而 2019，2020 學完並有開始行動的人，現在早就已經收穫不凡。

　　舉我自己為例子，和部落客比起來，我在團購領域也是一位「後進者」，我進去的時候知名部落客們都已經做了近五六年以上了，但是我透過上面的競爭市場調查，數量上很多不代表真的多， 2020 年我開始在做團購的時候，大型創作者 KOL 都嫌 CP 值太低而不做的時候，我就知道這就是我的機會。

　　現在 2024 年，直播帶貨這件事也有很多人看不起，覺得好像把自己從創作的身份，變成叫賣哥、叫賣姊的感覺，特別是早就對業配賣產品有心魔的狀態下，我身邊創作者也沒什麼人有興趣。

　　所以現在開始進入，確實是吃力不討好的新挑戰，我開始播的時候平均在線原生流量也只有 30 ～ 50 人，但是過往的經驗讓我看到，若能在別人不願意做的領域下持續幹，兩、三年後他會從 Star 變成 CashCow，再次做到事業體的軸轉升級。

　　因此我認為現在的創作者，要能夠持續創作最重要的一件事，除了維持動能之外，核心關鍵首要是**培養自己作為自媒體企**

業家的商業思維，想經營好一間公司，養得起團隊，要像不被侷限的變形蟲一樣，隨時願意調整自己，靈活有彈性；而看到紅利時就要像一頭獅子，瞄準獵物馬上撲上去，不要等到優勢都被佔盡，當市場上人們一窩蜂跑進來的時候，只能分食剩餘的碎屑。

H E A D L I N E

大課程時代，
自媒體是條馬拉松，
跑最快的不一定能跑最遠

　　台灣可以說進入了大課程時代，連我日本公司的團隊夥伴都
說，在日本的線上課程普及程度和行銷力道，都沒有台灣這麼
強，我自己看覺得這個產業有幾大幕後推手，分別是 hahow，
知識衛星和 Pressplay Academy，主要模式採募資，將原本在線
下場域的教學內容，變成線上課程，用影音的方式吸收知識，變
成了現代人書本以外的學習方式。

　　我自己看線上課程的市場，覺得用最簡單粗暴的講法就是比
較貴的書，將書本的知識內容以線上影音製作的方式，讓沒時間

翻書看書，習慣用影視學習知識內容的人，有一個位於線下課和書籍的中間選擇方案，我自己是線上學習的重度用戶，因為作為兩個孩子的媽，白天送小孩托嬰的時間處理工作，晚上的時間就是在陪伴孩子還有和老公分工家事，要有閒情逸致可以翻翻書，簡直是奢侈，可以放著聽學習的線上課程就很適合我。

以募資形式的線上課程來說，最後打的就是資本戰，因為錄製和製作屬於固定成本，所以**如何在能夠打平固定成本的狀態下，用數位廣告的方式招到更多學生，扣掉廣告費還有製作費和固人力成本，再加上不受地點的限制，每賣多出一位都是淨賺**，因此這也是大家為何看到線上課程廣告遍地開花，不管多佛系的 Meta 系社群的使用者，肯定也被某一檔線上課程的廣告打動過吧。

然而在影音課程紅海的時代，高品質的線上直播課程反而是個大藍海，因為他考驗的不只是講師本身的專業，還有現場演講魅力和臨場反應能力

我們「自媒體大學 INFLUENCER ACADEMY」作為 2019

年成立的品牌，我們在成立品牌之前已經在台灣、馬來西亞、香港及新加坡都有舉辦線下培訓。在判斷如何進入線上教育，我們也有做一些 SWOT 分析。

然而我們一開始就沒有想要走資本戰的形式，就像前面提及的，線上課程的本質是「高價影音書」，所以不少人買回去和買書一樣，先放著不管什麼時候看都可以，即使放著都沒看，也會覺得在募資時間買最便宜，這種 **FOMO（錯失恐懼症）的心態，也會讓不少人看到促銷管告的時候，覺得不管用不用得到，先買再說。**

但對我來說做教育不是我一次性的專案，而是想做一生的志業，如果每次教學備課這件事變成影音線上課，不就跟本來在拍的 YouTube 差不多嗎？不知道誰買？不知道學生是誰？不曉得學員有沒有問題？甚至連他們有沒有看都不知道，如果教育只是作為另外一個斜槓賺錢的專案，我變現管道已經很多了，這對我來說沒什麼吸引力。

由於我自己也是知識付費的深度玩家，從出社會到現在也上

過大大小的課，有一個理論提到關於學習這件事：

德國心理學家 Hermann Ebbinghaus 提出 Forgettingcurve（遺忘曲線），是種用於描述記憶中的中長期記憶的遺忘率的一種曲線。根據遺忘規律，若沒有複習，學習後一個鐘頭，已學會的內容就會忘了 56%；一天之後，66% 已經遺忘；一個月之後更有將近 80% 不見了。

這個很好理解，就像我們去駕訓班，學到開車的知識，知道煞車還有各種方向燈操作的位置，但如果沒有練習，最後還是像我一樣，作為一個有駕照卻不會開車的三寶駕駛，在路上應該也有不少。

所以到後來我發現「有效的學習」，有三大關鍵：

1. 體驗式學習—學到大觀念之後，搭配分組討論還有分工合作，並且用練習與競賽的方式，讓知道到學到、做到的路徑縮短，回到家之後才能真正用上。

2. 具備實戰演練與即時反饋—比如說在線下課程，我們會有個人或團體現場拍攝剪輯的練習作業，放出來讓導師一位一位反饋，或是在操作過程中遇到問題，都有導師和助教立即從旁解決。

3. 正能量學習社群—學習不是件容易的事，如果能夠有志同道合的夥伴，在累的時候看到還有同學也在努力，或是看到別人做出來的成果，都能夠激勵鬥志。

綜合以上，搭配時間的維度，拉長在這領域學習的時間，並在練習的過程中不斷有明師導師指引，才是能從「知道怎麼開車，到真正學會開車」的關鍵。

所以綜合盤點出我們的優勢，我們從建立品牌開始，就以一個創新的「教練培訓」的模式進行我們的自媒體教育，因為網路平台變化很快，一直有新的趨勢紅利，還有演算法甚至介面都長不一樣，如果用募資課程的形式，可能半年後學生看到的平台介面，都已經長不一樣了。

　　所以我們一開始是採用半年一期，有理論架構的自媒體企業家九部曲系統（屬於錄製課程），搭配每月 4 場直播，由我們 4 位共同創辦人同時針對自媒體創業不同向度進行教學，包含社群經營、品牌建立、行銷漏斗、器材設備與剪輯等等，全方位帶著同學一起走自媒體這條路，我們都會說：自媒體是條馬拉松，跑最快的不一定能跑最遠，堅持行動還有持續學習，才是能夠成為長青媒體的關鍵。

　　一直到現在，我們已經累積了各種主題的自媒體影片圖書館（包含 YouTube，Instagram，FB 廣告投放，LINE 官方號行銷…等）同時每個月都有直播提供最新 Update 的趨勢，我們和同學的感情很濃厚，常常出席線下演講的時候，就會有我們自媒體大學的同學們來相認並且感謝回饋，以賺錢的向度來看，說不定動能沒有在一段時間密集砸廣告來的強，但若是以終為始，從貢獻與志業的角度出發，選擇對參與者在學習上最有效的方法，反而才是我們能在這條路可以做長久的關鍵。

H E A D L I N E

我的 20 種收入來源，打造個人無限公司的事業帝國

● ● ● ●

　　前面分享了一連串的創業故事，一路上秉持著遇到問題、解決問題的循環，累積到現在也有超過 20 種主動＋被動收入來源，讀者們若走向自媒體企業家之路，可以期待有以下收入上的發展，以我自己為例。

　　個人 IP 維度：

1. 品牌業配

2. 聯盟行銷（分潤）

3. 團購行銷

4. 聯名產品開發

5. KOL 變現教練

6. 自媒體線上課程導師

7. 企業自媒體行銷顧問

8. YouTube 頻道經營顧問

9. 公開講座／演講

10. 企業內訓／課程包班

11. Podcast 節目主持人

12. 直播帶貨

13. 旅情途中品牌總監

以下為公司經營維度來的收入：

14. 品牌 YouTube 頻道規劃製作

15. 線上課程製作

16. 中小企業電商產品銷售頁製作
17. 電商網站架設代操
18. 線上課程販售
19. 網紅發案經紀
20. 品牌社群經營代操

上下兩者差別是：有些工作下放公司團隊執行，並且以專案 Base 進行，一個專案看大小會需要 3~5 人同時進行著手，甚至有些專案我只要負責監督而不用執行，這些更像是建立事業來的被動收入，因為如果所有的錢都只能靠自己出面，那永遠都停留在「用勞力賺錢」的狀態，但若能打造公司系統培養團隊，就能幕前到幕後雙棲，抑或作為主角，抑或作為一個操盤手都有更靈活的彈性。

比如說我跟我老公未來有想要出國旅居一陣子，但若是所有收入來源都還要是我們自己露臉出馬，這樣就和當時嚮往的自由生活背道而馳，**因此打造自己抽身也可以賺錢「系統」，這才是自媒體企業家。**

最強自媒體企業家九部曲系統，如何一步步打造個人無限公司

確認目標之後，經營方式九步驟是順著走還是倒著走，到最後殊途同歸。

有些人是已經有自己的產品服務，想要透過網路的力量槓桿影響力，那就是倒著走，但如果像我一樣從不知道自己興趣專長是什麼的上班族，我們就得站穩腳步一步一步來，無論如何，有行動才會前進，大量的行動並且從中進步，正是改變命運的關鍵！

H E A D L I N E

找到自己的客群很難嗎？

還記得 2018 年流量和粉絲數終於開始起飛時，我反而進入深深的焦慮，有流量、有粉絲、開始賺錢了，然後呢？我的目標只是一味追求粉絲數的成長嗎？經營自媒體的未來，是成為會在路上被認出來的名人嗎？

直到在日本上了 Shen Lim 老師的課後，他的自媒體企業家九部曲完全地改變了我的思維，**讓我確認了自己努力的目標不是變成明星唱歌、跳舞、上通告，而是一步步成最強自媒體企業家，從自媒體開始的微型創業。**

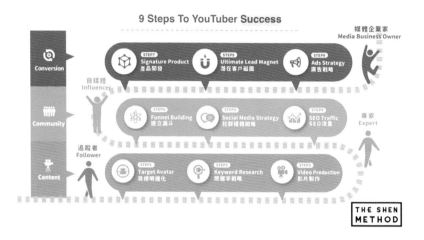

　　這會經過三個階段，分別是 從 Content → Community → Conversion，這三階段可以順著走，也可以倒著走，順著走的路徑就是從 0 粉絲 0 資源，像我一樣的上班族從 0 開啟自媒體創業，在邊走的過程中邊累積人脈和實力，最後延伸出最適合自己的產品服務走向創業；順著走的好處是幾乎零門檻，有一台手機就可以開始拍照、寫文章，而且如果是分享自己的日常，也不太需要本金。

　　而順著走的挑戰則是很難一開始就迅速變現，最快也要經過

3 個月到半年以上的摸索期，訓練自己對於內容創作的網感、社群平台掌握度等等，而且如果一開始定位錯了，泛流量還會導致之後很難轉換變現，泛流量的相對就是精準流量，下一章節會提及。

而倒著走，就是已經是創業家有自己的產品或服務，但是想透過經營自媒體，增加自己的品牌力，並且拿回 Direct to Customer（直接對客戶溝通）的話語權，相比以往透過經銷商代理商的方式，以官方自媒體的角度主動溝通讓消費者知道自己的品牌價值，建立起品牌忠誠度，避免讓消費者在這個產品過剩的時代，類似的產品哪裡便宜就往哪買。

倒著走是「以終為始」的企業家思維，經營自媒體的目標是為了扶持自己的企業往上攀升，因此不會急著開始做內容，而是要做好戰略定位，還有後面引流轉換的流程，才會開始第一支內容。

但若是現在還不是創業家，我建議可以走「以始為終」路線，

先開始做，然後邊做邊動態調整。因為我遇到很多學生的狀況是，他發現對自己未來可以做什麼，還沒有想像力，比如說在我剛開始做第一支影片的時候，我也沒想過我未來有機會辦旅遊服務、聯誼服務還有自媒體教育，甚至有多個演講和內訓的邀約，我覺得人生很像 RPG，要一直前進才會遇到下一關的 Boss，雖然打得怪越來越難，不過前進的路上等級提升裝備增加，甚至有夥伴的加入組隊作戰，這些都是沒有踏出去永遠不會遇到的風景，所以如果還想不到，就先做再說吧！

接下來由 Shen 老師所研發，**在我們自媒體大學的自媒體經營九部曲相信可以幫助到你，如何從一開始經營就不走彎路：**

 看自己很困難，從觀眾角度來決定
——目標客群明確化

你想要吸引什麼樣的粉絲？他們有什麼樣的特質？吸引和自己類似的族群沒有錯，但是人不會百分之百一樣，要有策略，在

去探索自己的目標觀眾時，我們自媒體大學的課有 50 個問題讓大家有方向去思考，這裡節錄三個 P —— Passion，Problem，Pathway 重點：

❶ Passion

Passion 熱忱	目標 1
・你想要幫助的人是誰？	
・你能如何幫助他？	
・即使免費，這件事情你能持續做一年嗎？	

❷ Problem

Problem 問題	目標 1
・目標的市場裡有什麼煩惱？	
・他們搜尋什麼關鍵字？搜尋量有多少？	
・這個市場成長性大嗎？大約有多少經濟效應？	
・你如何更快速、更低價、更好地解決這個煩惱？	

❸ Presense 存在

Presence 存在	目標 1
・為什麼你是他們需要的人才？	
・市場有多少競爭？	
・市場上大家都在提倡什麼信息？	

範例如下：

Passion 熱忱	目標 1
・你想要幫助的人是誰？	20—40 歲以上的上班族。
・你能如何幫助他？	指導職場技能培訓。幫助上班族升職加薪。
・即使免費，這件事情你能持續做一年嗎？	可以。
Problem 問題	目標 1
・目標的市場裡有什麼煩惱？	想在職場升職加薪，但不知道學什麼技能才行。
・他們搜尋什麼關鍵字？搜尋量有多少？	職場培訓、行銷培訓、職場溝通、如何升職加薪。
・這個市場成長性大嗎？大約有多少經濟效應？	台灣 2019 年就業人數 1150 萬 7000 人。薪資每月平均 USD1355 元。
・你如何更快速、更低價、更好地解決這個煩惱？	通過提供關於職業培訓的資訊，幫助提高升職加薪的機會。
Presence 存在	目標 1
・為什麼你是他們需要的人才？	因為我是職涯規劃專家，在日本居住多年，精通日本職場技能及溝通技巧，以及會製作影片，提供容易吸收的內容。
・市場有多少競爭？	YouTube 上搜尋「職場培訓」、「職場技巧」能找到一些主題頻道，但是不多。而搜尋「如何升職加薪」的時候，幾乎沒有專門的頻道，很有機會。
・市場上大家都在提倡什麼信息？	如何提升自己、成長、談判技巧、人際關係、銷售技巧。

以我自己的 Passion，Problem，Presense 也歷經了好多次的迭代，所以這是會隨著經營動態調整的，現在讓我重寫一次，把自己的這七年劃分成三個階段：

以下為艾琳範例：

	目標 1 2017~2019	目標 2 2020~2024~	目標 3 2024~
Passion			
你想要幫助的人是誰	想來韓國自助旅遊的人	新手爸媽	全職媽媽，職場媽媽
你能如何幫助他	提供第一次來韓國旅遊的人要注意的事 在韓生活日常文化體驗與交流	分享迎接寶寶的新手爸媽從懷孕到小孩出生會遇到的各種疑難雜症，還有我是如何克服	提供能在家遠距工作的學習資源，還有一條龍的培訓服務
即使免費，這件事你能持續做一年嗎	願意	可以	可以
Probelm			
目標群的市場有什麼煩惱	——不想跟團，又怕有語言問題 ——想要體驗一般非觀光客的韓國日常	很多焦慮還有不安，網路資料很散，	因為要育兒面臨職場工作被刁難，找有競爭力工作的困難，小孩生病需要顧的彈性工作不好找

他們在搜尋什麼關鍵字？	韓國旅遊，韓國必去，韓國自助遊	新手爸媽，寶寶副食品，托嬰中心，月嫂、月子中心	遠距生活，數位遊牧，自由工作者
你如何更好的解決這個煩惱	提供自助旅遊才能去的旅遊／體驗提案	分享我比較過的優缺點	我提供知識經驗，培訓，心法，還有社群
Presense			
為什麼你是他們需要的人才	住在韓國的台灣人，不只旅遊之外還能有生活體驗	網路上文章分享比較多，影片資訊略少，並且多為單純談話性質 職業媽媽同時育兒又兼顧工作，相比更多作為全職的媽媽，有不同角度可以分享的內容	我有從 0 開始的自媒體經營經驗 我有團購變現的專業 我有人脈資源 我有組織可以系統性幫助達成任務
市場有多少競爭		FB，IG 部落客，全職媽媽比重佔 7，8 成	自媒體平台經營的老師
市場上大家都在提倡什麼信息		媽媽也要愛自己 媽媽要有經濟能力	數位時代遠距工作生活不是夢

　　像我現在就處於目標 2~3 的轉換期，但與其說是轉型，不如說是內容比例調整，我的自媒體創業到現在經營了第 8 年，面臨三次大轉型，我們會成長，隨著經營的時間越久，人生階段也

會不同，關注的問題一定會不一樣。

不用擔心換了主題觀眾會流失，因為觀眾也會成長，如果一味擔心而不敢跨出舒適圈，觀眾成長之後也一樣會離開你，因此我認為經營自媒體要的長遠，一定還是得要忠於自己，拍攝時的喜悅度還有能量感，觀眾都感受的到。

「經營自媒體是一條馬拉松」走得長遠絕對比一時走得快還要重要，**好的策略讓你走得快，對的經營心態讓你走得遠**，策略定好之後，接下來做目標和內容就不會徬徨，更能鎖定方向，加速成長。

打造 Push 效應，讓消費者自己找上你
——關鍵字大調查

在行銷裡面，有兩種力：一種是 push 推力、一種是 Pull 拉力。Push 就像是 FB 廣告，或是路上傳單看板，你沒有去找他，他就自己出現在你眼前，這種增加曝光類型的行銷就是 Push，**Pull 就像有需求的人自然而然找到你之後，接著關注你或是主動詢問你**，這種就是拉力，兩者最大的差別在於是主動還是被動

而經營自媒體就是很好的 Pull 拉力行銷，最理想狀態就是不用下廣告，我們專心做好內容之後被平台推送，進而讓更多粉絲願意關注。

如果是你，想要做 Push 媒體還是 Pull 媒體？我想大家應該都想要當 Pull 媒體，畢竟沒有人喜歡推銷，大家都希望是粉絲自己來找我們，肯定比我們去找粉絲來的快多了，問題是，要怎麼做到呢？

這時候進展到 Step2，就是「關鍵字調查」，要如何讓目標受眾找到你，最關鍵的就是先找到他們「在找什麼？」，還記得 Step1 的時候我們有一個問題，是：

> **目標群的市場有什麼煩惱**
>
> **他們在搜尋什麼關鍵字？**

如果能夠在客戶搜尋的時候，直接就出現你的內容來解決他們的問題，那就是「觀眾自己來找你」，所以簡單來說，了解你的目標觀眾平常在搜尋什麼很重要，比如當我第二階段的客群是新手媽媽，作為一樣經歷過新手媽媽備孕、懷孕階段的我，自然知道大家在關注什麼關鍵字，比如說：如何選月子中心？月嫂和月子中心如何選？懷孕吃什麼？新生寶寶家裡必買……等等。

如果本身具備某些專業的話更好，比如說醫師營養師就可以分享孕期必吃保健品，還有可以做什麼運動等等等，端看我們自身的資源，還有關注度來決定。

　　像是有一個幾乎是新手媽媽們都會看的頻道：Sunny Huang，本身具備專業，又把很多新手爸媽會遇到的寶寶問題像是腸絞痛、如何洗澡、正確拍嗝、戒尿布等等，堪稱 YouTube 屆的新手爸媽育嬰大全，到目前為止裡面就聚集了 30 幾萬精準粉絲，造福了不少有小孩的寶爸寶媽。若是這個頻道推出育嬰推薦的產品或服務，長期累積的信任感和透過關鍵字積累的精準粉絲，鐵定爆賣。

　　至於要如何找到目標觀眾的搜尋關鍵字呢？建議可以去一些網路論壇／ FB 社團裡面，看看大家都在問什麼問題，而這些最常問的「問題」本身，就是可以讓大家找到你的關鍵。

　　比如我在經營初期時，發現人們有關自助旅遊的疑問，都會去論壇「背包客棧」找資料，其中一個大部分人最煩惱的問題，就是交通，而網路上大多數都是圖文分享，缺少更直觀的引導方式，於是我在調查論壇網友的常見疑問之後，就做了韓國交通的 YouTube 影片攻略。

　　韓國地鐵如何搭？韓國公車如何搭？實際搭並且拍攝下來給大家看，剛開始訂閱人數不多的時候，上片的當下沒有人看是正常的，但是這兩部影片的長尾效應極高！靜靜的放在網路上，只要有在找韓國交通的人，幾乎都會透過網路搜尋經過路過看到我的分享，進而發現我頻道其他內容，也都正好符合他們「想去韓國自助遊」找攻略的需求，因此這兩隻影片不僅持續有新流量之外，還為我積累大量粉絲。

　　這個關鍵字調查後的結果，作為初期選題，還有尋找目標客群都極為好用，而且長尾效應，可以讓你不用有流量焦慮，因為只要內容有打中需求，就會因為 Pull 效應讓你持續被新的觀眾看到。

　　1. 標題關鍵字──標題前五個字要有希望被搜尋的字，比如說如以下：

A：**品牌關鍵字**──舉例大品牌名稱之外，還有餐廳飯店名都是很有容易吸引到長尾流量。ex 特斯拉、Costco、

3M、Panasonic 等。

B：**年份關鍵字**——如果是屬於會持續更新的資訊類型，像
是旅遊等等，也可以加入數字。ex 2024 東京自由行必
去，增加被搜尋到的機率。

C：**地名關鍵字**——國家城市地名，都屬於地名關鍵字的一
環。ex 北海道滑雪、首爾韓服體驗。都要記得加上地
名或是區域，因為很多人搜尋是為了尋找直接可以用的
資訊，以韓服體驗來說，如果他在找釜山，點進去發現
你寫的是首爾，那就會導致停留時間下降，或是點進去
的跳離率提升，這對演算法來說屬於不利因素，還不如
一開始就在標題寫清楚。

D：**品類關鍵字**——當觀眾想要解決某個問題，或者是整體
大方向的了解關於某一個類別，就會使用需求關鍵字，
ex 日本料理、家常菜、咖啡廳、電動車、親子飯店推薦，
露營推薦，必買紅酒……等等。

E：**數字關鍵字**——很神奇的，大家對於整理好的懶人包，會有不可抗拒的魔力，對演算法來說也有幫助。

ex 5 個 Costco 必賣推薦，10 個居家收納秘訣，讓家常菜變好吃的 3 個妙招。

F：**困難關鍵字**——觀眾／讀者目前遇到的困難，還不知道有什麼解決方法想要探尋的時候，就很適合使用困難關鍵字。

ex 牙齒黃怎麼辦？如何找到新對象？產後瘦不下來怎麼辦？

G：**名人關鍵字**——特別是大家最近在討論的新聞，or 大眾知名度高的名人，如果原本主題剛好和某個名人有關，就更容易吸引到目光。

ex 由大 S 離婚看夫妻離婚訴訟，學周杰倫如何霸氣寵

妻…因為名人本身具有一定的搜尋量，如果又剛好有新聞，效果更好。

　　關鍵字和關鍵字之間最好的做法是互相 combo，比如說 A+E 就會變成：5 個小資騎 gogogro 的省電小秘訣，B+C+E 可以組合成：2025 大阪世博會 5 個遊客必知，除了有 SEO 之外，關鍵字也可以順便連標題都下好了，一舉數得。

**適合經營什麼內容？
從阻力最小的「格式」下手**
——內容製作

✚ 內容創作——內容的格式為區分點，而不是平台，同一個內容可以多平台放，但如果時間不夠以自己最常用的平台為主。

> 常見疑問 剛出社會做著朝九晚五的工作，不知道自己喜歡什麼或是擅長什麼，能夠分享什麼呢？

　答 我和你們經歷過一樣的狀況，我剛開始拍影片的時候也是很普通，週一週五上班，假日找餐廳去踏踏青，也不曉得自己喜歡什麼，但多數人們喜歡的內容是不會變的，可以先從你平常會在哪花錢的事情上下手，因為通常我們願意付費的事，就是我們喜歡的興趣，有一本我很喜歡的書：《花掉的錢會流回來，打造你的金錢螺旋》分享的就是這個概念。

　　我曾經有一個顧問學生她是家庭主婦 K 小姐，因為育兒而離開職場一段時間，雖然孩子上小學了，但還是有生病、接送的問題，因此她開始經營自媒體，但可能在家庭太久了，對自己沒什麼信心，不確定自己能夠分享出什麼有價值的內容，於是 K 小姐問我，可不可以給她一點意見要分享什麼比較好？我說：你近期買過最貴的東西，或是最奢侈的東西是什麼？她說她買了一個日牌的炊飯鍋，一般的煮飯鍋大概一、兩千，然而他偏偏買到一、兩萬，我問她：「你為什麼決定買這麼貴炊飯鍋呢？」

　　她說：「我們家小孩很愛吃飯，所以我觀望這支鍋子很久了，知道這個用的工法，可以讓同樣的米飯煮起來更香、更好吃，並且這是使用 XXX 的工法，除了煮飯還可以用來燉湯，有遠紅外線……等等」，於是我說：「很好，你剛剛跟我講的那些東西，你可以分享嗎？分享你為什麼買這支鍋，還有你想煮給家人孩子們吃得開心的心意。」K 小姐聽完瞬間恍然大悟說：「老師謝謝你，我知道該怎麼做了。」

　　這個故事並不是去鼓勵大家買奢侈品或是什麼都要買貴的，

而是我們通常願意在這件事上付出比較高價，相對來說也是對這個領域更感興趣，貴的東西入手前大多數人也是要考慮再三，並且爬文找資料的，因此這也是為何一些大品牌家電或是精品的開箱通常不少人看，因為觀眾希望看到使用者不同角度的分享，當我們願意分享出來，無論覺得值得或不值得，都能夠吸引到觀眾的興趣。

如果你真的還是沒靈感，下面提供一些熱門常見主題，剛開始可以選 1~2 個領域，不要超過設定的領域嘗試去專攻看看，給自己訂個目標，一個禮拜至少產出 3 個內容，相信長期下來你在他人眼中，會變得很不一樣。

下面各大主題也會提供給大家含金量指標，含金量指的是未來的變現潛力，也就是較容易接到業配／產品團購……等廠商贊助的機會！下面提供每個人都可以做到的內容主題 idea 懶人包。

🄐 旅遊美食攻略類：

優　　勢	SEO 強，受眾群最廣。
挑　　戰	競爭對手多，要在一開始先訂定風格特色
理　　由	競樣的內容已經有夠多精緻內容，小創作者在初期拍攝、剪輯、口條等綜合能力還沒有上來之前，容易被其他相似更高品質的內容淹沒。
含 金 量	3.5 顆星
經營重點	要當第一個，或是去找最高／最貴／最划算／有特色的的，並逐步提升自己內容的品質，包含影像畫質、音質、剪輯流暢度等等。

🄑 大品牌開箱類：

優　　勢	吸引到該品牌的粉絲，可以建立精準受眾，最容易少粉絲數即可變現。
挑　　戰	需要搶時機（ex：台灣新開幕、展店、話題新品）一般性的介紹容易被誤會為是業配，需

要從中找到大家有興趣的話題，或是行家知識點。

| 含 金 量 | 5 顆星 |

| 經營重點 | 能夠將一個產品完整介紹，又有生活化的使用者介紹，這在品牌眼中是最閃亮星星，只要持續累積相近領域的開箱內容，雖然觀看數不多，但很快就會有合作邀約了喔 |

| 案　　例 | 我們有個學生 YouTube 頻道熱血 Ken，經營頻道不到 2,000 粉絲，就收到高級按摩椅的合作邀約，雖然開箱影片觀看數一般都不會高，但是長尾還有廠商邀約合作，潛力無限。 |

ⓒ 用生命拍片實測類

| 優　　勢 | 容易引起興趣，轉粉率高。 |

| 挑　　戰 | 耗時耗力，資訊整理時間長。 |

| 含 金 量 | 2.5 顆星 |

| 說　　明 | 做這種類型的通常很容易引起好奇心，但是由 |

於與產品關聯度不明確，因此如果收到合作，通常廠商看中的是曝光流量而非轉換（導購）流量，我自己覺得這種類型在前期可以是增粉曝光的好機會。

| 案例分析 | 我的韓國外食一週多少錢？五天ㄉ斷食挑暫時實測。我印象很深刻有個早期我們的學生斜槓男孩，在上完課程第一支影片就做出了超狂實測：實測在台北當一日乞丐可以賺多少錢？雖然製作過程辛苦，但第一支影片就有破百萬的流量，並且是具有社會正向意義的內容，也讓他不止獲得流量，也獲得了觀眾正向肯定，在一片紅海創作者之中，快速為自己開疆闢土，是很好的嘗試。

D 時事觀點類

| 優　勢 | 最快速吸引流量並且快速破圈：挑戰：最容易

吸引到酸民與仇恨言論，需具有一定程度的心理準備。

| 挑　　戰 | 時事觀點類會建議搭配在自己專業領域的觀點，較容易創作出不流俗，並且有轉發能力的文章，以變現角度來看，不建議所有內容都以時事為主軸，但可以作為破圈的應用內容。

| 含 金 量 | 2 顆星

| 說　　明 | 若牽涉到政治議題，也很有可能品牌考量到形象問題，因此不乏會有流量高卻乏人問津的狀況，但並不是所有創作者經營的目的都是變現，因此如果你有所相信的正義不吐不快的話，在麵包不缺的狀態下，追求理念可以帶給你更多的自我認同感和自信，就放心去做吧。

| 案例分析 | 科技旅人毛巾頻道：用 AI 分析總統大選為例，這支影片就是結合高含金量＋高討論度時事類別，同樣是在討論總統大選，不一定要講自己要投票給誰，或是哪位候選人比較少，而是巧妙結合自身的 AI 科技 KOL 形象，不只有

蹭到熱點，又有教育意味，這種就是推薦的做
法。

E 訪談類

若是你身邊有很多名人資源，你經營自媒體可以說是站在巨
人的肩膀上，這部分的人脈這會是你最省力又可以破圈的實力。

優　　勢	用自己生內容，又可以與他人串連，準備耗費的時間成本低。
挑　　戰	能不能找到本身知名度夠高／有該領域名聲的人做串連。
含 金 量	3 顆星
說　　明	如果訪問的領域很分散，就很難做到利基和含金量，但是如果每次訪問對象的領域都在同一個利基，則含金量才會提升，比如說我有一位朋友 "查理的創業化合物" 頻道，訪問的都是商業觀點和創業家，雖然每次對象不同，但是聚集的都是對自我成長／創業議題有興趣的

人，只要客群夠精準，含金量就高

| 例　　子 | 我有一個 BNI 商會夥伴，是知名電影配樂的製作人余部長余政憲，近期又是大愛電視台的製作人，身邊不乏演員大咖都是他的朋友，因此我跟他說，你身邊有這些資源不用，實在太可惜，但作為三寶爸，一直找不到經營自媒體的動力，直到接了大愛電視劇〈在光裡的人〉後，他真心想把 30 年來為台灣偏鄉奉獻的醫師，充滿愛與關懷的故事分享給更多人，至此終於找到經營自媒體的動力，不為更多的工作與收入，為的是發揮影響力，讓正向作品可以更廣為傳播。 |

F 自我成長類

（包含勵志／身心靈相關／兩性雞湯／人生故事⋯⋯等等）

| 優　　勢 | 生命故事本身就是內容，這種類型的內容會讓 |

你這個人更立體，讓普通粉變成鐵粉，就需要這種內容。

| 挑　　戰 | 過去的經驗故事總有分享玩的一天，除了本身需具備該領域一定程度的專業，或是持續進修該領域知識的能力，才能不斷生出內容。 |

| 含 金 量 | 3~4 顆星 |

| 說　　明 | 這類型的創作財脈在於課程 / 知識產品的推廣分潤，如果能找到與自身主題相契合的課程做推廣，變現力也可以很驚人 |

G 體驗心得類（新穎的體驗／最頂級的體驗／最便宜的體驗／最 XXX 的體驗，有個「最」很重要）

| 優　　勢 | 把花掉的錢賺回來，做自己喜歡的事賺錢（私心最愛的類型）。 |

| 挑　　戰 | 拍攝成本較高，因此有些創作者會組成小聯盟，一起去住某飯店／某餐廳，一起分攤費用，不用擔心互相競爭，因為自媒體的世界，每個人會找到自己的圈層，不要單打獨鬥，建 |

立自己的英雄聯盟，不僅有正能量的夥伴，並且大家一起團結力量大，做什麼都更容易。

| 含 金 量 | 4.5 顆星

| 說　　明 | 通常這類型的內容相對應的廠商／產品的需求度很高，舉凡食衣住行都可以置入在體驗當中，並且相對流量也會高，因此不止漲粉快，也很容易有合作邀約上門。

Ⓗ 人生重大事件類

（買房／生小孩／出國留學／出國工作……等等）

| 優　　勢 | 最快漲粉，SEO 強，被推薦率高，曝光點擊率高。

| 挑　　戰 | 要只靠重大事件撐起一個內容不容易，因此會建議平常還是要有主軸內容。

| 含 金 量 | 5 顆星

| 說　　明 | 通常人生重大事件，無論是好是壞，婚喪喜慶

生子買房出國等等，都是會有相應有重大開銷之時，因此連帶相關的產品服務都有置入空間，比如說已買房為例，買房完之後要裝潢、挑選傢俱、裝潢材料、還有家電用品等等，可以說是一條龍置入產業鍊，因此讀者可能有時候看到創作者有買房時，會有 "歡迎乾爹乾媽" 置入的字樣，就是原因所在。

▌純記錄 Vlog

一般來說流水帳式的紀錄生活比較難收到關注，但還是有例外，如果你經營自媒想要先從生活紀錄進行的話，下面兩項也是容易獲取到關注的內容：

1. 在特別的地方做日常的事 ex：韓國剪髮，韓國超市。
2. 在日常的地方做特別的事 ex：在台灣參加聯誼，帶日本朋友逛台灣夜市。

| 含 金 量 | 3~4 顆星
| 說　　明 | 這類型內容屬於先苦後甘，苦的地方在於紀錄型 Vlog 如果沒有爆點，簡單來說就是個人生活紀錄的流水帳，對於大眾來說觀看動機較低，但若做起來，能過做日常在做的事情紀錄賺錢，後續爆發力會很強。

　　常見的有的煮食 / 打掃 / 居家收納類型的內容，作品數量累積起來，之後搭配相對應的產品，變現屬於倒吃甘蔗。

◪ 專業知識類

| 優　　勢 | 速建立鐵粉，並且吸引精準客群，通常多為自己本身的主業，可以搭配變現。
| 挑　　戰 | 需將複雜的知識以口語化的方式傳遞，選題通常是能否成功的關鍵要素。
| 含 金 量 | 5 顆星
| 說　　明 | 專業的存在本身就代表了具備市場性與變現能

力，當自身的專業領域能透過自媒體讓更多人看到，即使沒有任何業配，靠陌生流量來得顧客也可以為自身公司帶來高變現力。

| 案例分析 | 我們有學員做家庭投資理財類型的內容，一般來說直接轉換的方式是他開設課程讓觀眾直接報名購買，但她本身因為還需要照顧家庭關係，無法一條龍自行授課，後來也是找到相關領域的培訓單位，以聯盟行銷推薦分潤的方式賺取收入，據她所述狀況好的時候，一個月可以淨賺 30~50 萬！

K 戲劇類

| 優　　勢 | 在 YouTube 上面屬於稀缺資源，若故事線完整又有相對應的傳遞理念，會加深觀眾對於自媒體 IP 的認同。

| 挑　　戰 | 耗費成本高，並且除非能夠創造高討論度，短時間難以變現，並通常不會是廠商贊助時會第

一優先選擇這個類型。

| 含 金 量 | 2.5 顆星

| 說　　明 | 戲劇類型內容通常在前期需要先比一般內容累
積更高的流量或粉絲訂閱數，才能期待後期有
置入的轉換，因爲這類型的內容無論是創作者
或是廠商，在產品置入時都需要比較高的聯想
力，但通常有志製作此類型內容的團隊，一開
始也不會以高變現為目標，比如說近年紅的 <
山道猴子 > 系列，作者在引起社會啟發上就具
有影響力與啟蒙的社會意義。

在教學的時候常常很多同學會有問題像是：這個能不能做？
這個做會有人看嗎？可以這樣拍嗎？以內容創作市場，和大家分
享一句我從 Shen 老師身上學到的一句話：**大池子裡的小魚賺得
到錢，小池子裡的大魚也轉得到錢。**

大池子指的是大眾主題，機會多競爭也大，但如果找到自身
特色，也有脫穎而出的潛力；如果以小池子來說，我們有不少同

學做的是身心靈療癒、命理、寵物訓練，香料等，這類型的主題專門做的人相對不多，因此只要你願意持續做，並且累積信任，這個市場就是你的。

舉例來說我們有一個早期的同學做香料相關知識內容傳遞，他是最早以"香料知識"為主軸的內容頻道，雖然訂閱數維持在兩三萬，我們幾年前在課程環節中作學員專訪，他說不止是自己品牌 B2C 得商城持續有新顧客和訂單之外，最大的財源是有 B2B 的客戶，像是咖哩店等找他們進香料，訂單可以到好幾百萬，這些從外面訂閱還有觀看數看不到的的收入反而不容小覷。

還有一點可以讓大家思考：很多內容可以做，哪些是我們最容易踏出第一步的？需要盤點自己的時間資源與心力，找到能夠持續經營下去的甜蜜點，並且一但內容主題定調之後，想要進行經營客群上的轉換會相較不易，因此誠心建議製作內容還是以自己能持續進行的喜好興趣為主，雖然這句話可能聽到膩了，但和大家分享一個小故事。

　　我認識的一個創作者，在螢幕呈現上非常的平易近人而且開朗，常常會做出很多誇張的螢幕反應和效果，但在 KOL 聚會實際見到本人時，發現他本人其實非常內向，不太愛社交，聊天起來也不像螢幕呈現的幽默與活潑。一開始真的有被這個反差感嚇到，後來詢問與他熟識的友人，才發現他本人就是這樣，因此每次拍片的時候都是特別把自己「撐起來」，去符合螢幕的形象，鏡頭一拿下來就變得冷冰冰的，當時覺得很敬佩，畢竟創作者不是演員，呈現一個和自己個性不一樣的狀態並且經營這麼久，得具有很強大的職業精神。

　　後來，輾轉得知當事人其實有一些身心狀況，長時間去扮演一個與自己不一樣的人，最終還是會被反噬。其實內向人有內向人的魅力，自媒體走得遠，比走得快重要，期待大家都能夠把經營自己這件事，不要視為一份工作，而是作為一份志業，如此會生活的更開心，並且玩出財富！

小粉絲數也能有大流量的關鍵
—— 演算法 SEO 戰略 (YouTube 經營適用)

　　SEO 戰略以前比較長被用在網頁／部落格搜尋必知，但是很少人知道，其實 YouTube 也有 SEO 並且大大的影響到流量，因為以 Google 演算法來說，大家可以試試看搜尋各種關鍵字的時候，滿常 YouTube 影片會出現在搜尋最上方。

　　比如說我早期做日文自學，即使我完全不是一個日文的教學頻道，但是因為 SEO 設定的好，連續好幾年在 google 搜尋的最上方,最幸運的是那支影片是日本聲優教學日語課程的聯盟行銷，在我當時業配還不穩定，平均一之業配合作約 4 萬左右，但那支影片長尾下來，卻為我帶來超過 30 萬台幣的分潤收入

　　還有無印良品推薦必買，一支影片也榜上有名了好幾年，因此除了平台推薦之外，經營好 SEO 讓 Google 搜尋推薦也是一個非常值得耕耘的外部流量入口，下面講的 SEO 主要針對 YouTube 平台，對於其他社群媒體，因為演算法不同所以不適

用（如果沒有要經營 YouTube 可以跳過）。

自從早期和 Shen 老師學了 YouTube SEO 之後，我的流量焦慮少了一大半，如果沒有做 SEO，通常內容上線後一週，就很難再有新流量，但有 SEO 後，大大增加了實用性內容有持續曝光的機會，而且因為關鍵字明確，吸引到的目標客群也精準，因此如果你也有考慮做 YouTube 的話，以下分享幾個最重要提升 SEO 排名的 Tips：

❶ **關鍵字要在標題最前面 4~6 個字**，由 Step2 使用的關鍵字，一定要記得放在標題最前面，現在不要去用一些農場標題像是什麼：＃這個讓百萬人都驚訝了！ or ＃有個秘密很多人都不知道。這些標題就沒有 SEO 功能，但還是有一定的吸睛程度，權宜的做法就是把不具有 SEO 關鍵字功能的放影片縮圖，用圖的方式做進去，不要放在標題欄位。

❷ **關鍵字在影片資訊欄／內文要重複至少 5 次**：比如說我的標題是無印良品必買，關鍵字是無印良品就要在內文中重複至

少 5 次，讓系統辨識出來這支影片的確與主題高度相關，而不是農場或騙人標題。

　　❸ **寫影片章節時間軸標籤**：這個功能像是在幫長影片做重點摘要目錄，讓使用者可以方便直接跳去想看的章節，由於現在觀眾注意力降低，時間軸 TAG 也有 SEO 的功能，也方便使用者迅速抓到重點。

撰寫範例如下：

0：00　精采預告

0：41　costco 小家庭好物推薦 1：貝果

1：01　costco 小家庭好物推薦 2：廣島牡蠣

1：47　costco 小家庭好物推薦 3：火腿切片

2：06　costco 小家庭好物推薦 4：椰子汁

2：16　costco 小家庭好物推薦 5：油封鴨腿

2：43　costco 小家庭好物推薦 6：水果

4：36　costco 小家庭好物推薦 7：雞蛋牛奶

5：59　costco 廚房小餐桌

記得一定要從 0：00 開始寫，不然會跳不出來 YouTube 影片時間軸的章節分割線喔。

❹ **影片上 YouTubeCC 字幕**：透過影片呈現的內容，Google ／ YouTube 演算法為了確保和觀眾想要搜尋的高度相關，會藉由語音和 CC 字幕的方式來判斷這支影片內容，因此上 CC 字幕有助於系統判讀這是一支「關於什麼」的影片，所以資訊密度高的內容特別適合上傳。

Q：但是一般看到影片好像都有內嵌入字幕在畫面裡，這樣還要上傳ＣＣ字幕嗎？

A：通常創作內容是最花時間的，因此很多創作者影片直接有字幕，是最方便多平台上傳的方式，即使上傳到 YouTube 有字幕，還是可以上 CC 字幕提升 SEO 的分數，並且有些不熟悉 YouTube 字幕的觀眾，可能不知道如何打開字幕的選項，乍看沒看到字幕就會滑過，因此還是建議長影片也把字幕做在影片裡面。

現在因為 YouTube 語音辨識越來越強，即使沒有上 CC 字幕，程式也可以判讀內容越來越精準，因此如果不上 CC 字幕，也記得在影片裡面用說的提到關鍵字，用自然的方式即可，也不需要太刻意。

⑤ **內／外部連結推薦**：這個不只是 YouTube，其他社群媒體也有這個現象，就是如果有越多外部連結連到你的內容，會更容易被演算法青睞，概念是每個平台都想要觀眾的注意力在自己的平台上，所以如果有哪內容，可以為他們吸引更多的客人「觀眾」來他們的平台，他們就會更多用力推薦這個內容。

比如說我們在影片上傳之後，可以分享自己的影片到 LINE 給親朋好友，或者是發到 IG 限動導流量進來看 YouTube，都可以增加 SEO 排名，這些小動作不可少。

不要以為只有少創作會這麼做，和大家分享我曾經和幾十萬粉絲量級的 KOL 朋友出遊，在這幾天他剛好有新影片上線，馬上請身邊一起出遊的姊妹好友在第一時間幫他收看，按讚留言，

連幾十萬粉絲的 KOL 都這麼做，希望大家可以對分享自己內容這件事不要害羞。

　　另外內部連結指的就是平台間互相連動，比如說像是做成上、下集的影片，就要記得在上集置頂留言放下集連結，下集置頂留言放上集，結尾畫面也可以上下集，這樣就屬於頻道內影片的內部連結推薦。

　　此外大家應該也看過有也不少創作者互相 Feat 的影片，一人一支說好同時上片，兩邊互有關係，除了可以讓彼此粉絲認識對方增加曝光之外，這些內部流量也有助於這支影片的演算法 SEO 的推薦。

　　❻ **觀看時間：**以 YouTube 作為長影音社群平台的第一霸主來說，他們演算法非常重視的是每支影片的「觀看時間」，如果這個內容可以讓觀眾停留時間越久，被演算法推薦的機率越高，這個絕對是非常重要的指標，也是讓小頻道之所以會有影片觀看數超越訂閱數的關鍵。

⑦ **曝光點擊率：**每次 YouTube 平台把你的影片曝光在觀眾前面，即使他只是滑過去，也會算一次曝光，他每次把你的內容推出去被看到，到觀眾點進來的比例，就是曝光點擊率，如果曝光點擊率高，平台也會更有意願推薦你的內容，在這個指標裡面，縮圖和標題是關鍵，如果想要精進自己，可以參考類似主題，比自己表現優良的內容他們的縮圖封面，還有標題切角，進而慢慢去找到觀眾容易點擊的關鍵。

⑧ **其他功能：**像是結尾影片資訊欄、資訊卡、內文、標籤，還有影片 tag 標籤，這些也會有多多少少影響，都可以上傳的時候順手補上去。

上面教了很多方法，不過還是要讓大家知道，社群平台的擴散還是以內容為主，上面這些技巧都是錦上添花，讓好多內容有更高機率被看到，但如果只專注在 SEO，內容沒有精進，觀眾點進去停留時間太短，或是一下就跳離，即使用再多的 SEO 技巧也無法力挽狂瀾，因此建議還是花多點心力在內容的企劃和編排上，會更加關鍵。

從平台思維到內容格式思維：
雞蛋不要放在同一個籃子
──社群媒體戰略

以前經營社群平台很像在選邊站，選擇是要寫部落格、FB粉專、IG 還是經營 YouTube，重點是要先瞭解到每個平台的本質：FB 長文、thread 短文、IG 圖文、TikTok 短片和 Podcast廣播節目等，但在這個時代與其說選平台，**還不如先選擇「你最擅長做的內容格式」**。

比如說像我其實也不擅長寫長文，社群中的文字能力是開始經營自媒體這幾年練出來的，早期其實很懶得寫文字，撰寫 IG／ FB 的文章短短兩三百字就可以耗掉我一個下午，而且我也不太會拍照，特別是打扮的很漂亮找景擺拍，對我來說都十分尷尬。

但我知道我自己很喜歡講話，不管是學生時期上台報告還是和別人聊天，談話對我來說是比較有內在資源可以進入的切角。

　　喜歡講話的人，在社群平台的選擇上就有 Podcast 和 YouTube 可以選，但是以我當時作為一個上班族的狀態沒什麼專業，Podcast 領域難找到有什麼主題自己可以持續輸出，以 YouTube 來說，雖然我還不會拍攝剪輯，但因為有畫面輔助，即使不用講很多話，也可以用相機帶著觀眾去做體驗，再加上我喜歡的旅遊美食也很適合用畫面呈現。

　　因此以「內容格式」的角度出發，我就以 YouTube 作為主力進攻的基礎，雖然後來同時有開 FB ／ IG，但畢竟這些平台不主推長影片，所以即使都同時發，仍然是在 YouTube 反應比較好，這就是以內容格式思維，來選擇適合的平台。

　　如果先選平台的話，很容易發生那個平台的主力內容你做不出來或是不太擅長，導致要花很多時機，很辛苦並且事倍功半的窘境，所以建議大家**先判斷最擅長哪種內容的格式**，然後再來選擇最適合作為主力經營的平台。

　　還有另一種類型，如果你已經是企業主，或者是有明確目標

的品牌想要藉由經營自媒體，提升品牌價值還有銷售轉換，那選擇平台的依據就是：**你的顧客在哪裡，就經營哪個平台**。

每個平台有自己的客群，比如說如果是針對長者的保健營養品，那 FB 粉 專即使現在大家都說它的觸及率下降，仍為不能錯過的市場；如果是針對年輕人的潮牌，則以短影音內容格式在 Tiktok、IG 上則十分重要；若是針對年輕女性，則不能錯過 IG 和小紅書，大概可以這樣劃分。

不被平台流量綁架，
把大海裡的魚帶到自己家

—— 建立漏斗行銷法

　　接下來到我個人覺得最重要，也是創作者脫離流量焦慮最要的步驟——建立漏斗！漏斗簡單來說就是，我們要如何一步步把平台的不可控流量，變成我們手裡的流量，而最關鍵的步驟，就是要有「直接聯繫」觀眾的管道。

　　以所有社群平台來說，我們每個內容出去，可能只有不到 1 ／ 10 的追蹤者能看到，所以很多品牌一味的大撒幣下廣告累積粉絲，好不容易累積到五萬十萬粉，但等到要開始發宣傳內容之後，卻發現能看到的人寥寥無幾，互動也是少得可憐，這時候不禁開始思考：「之前花的錢都跑到哪去了？」

　　而創作者也是一樣，不斷的努力創新做各種企劃，好不容易有一兩隻爆紅漲粉，卻發現下一隻內容又被打回原形，只好繼續期待下一隻爆紅影片，卻發現能盡力維持在平均水準就很不容易

了，因此建立漏斗，就可以讓我們在即使不被演算法推送的狀態下，也可以聯繫到鐵粉。

漏斗路徑如下：

漏斗行銷戰略 A - I - D - A

公領域讓最多人認識你

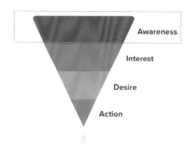

案例分析- 艾琳精選團購

中層漏斗：引導到可直接聯繫的渠道

產品服務諮詢

客服

價值內容（影片、部落格文章....）

優惠通知

折價券

....

案例分析- 艾林精選團購

底層漏斗：購買 or 取得聯繫

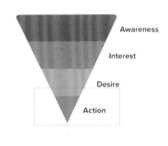

所以一邊做內容的同時，一邊讓精準客群留下「可聯繫的資訊」，就可以主動出擊，不會只能被動等待演算法的推送，以我的作法來說，就是把有興趣參與團購的人加到 LINE 官方號，這樣即使因為演算法，客戶沒有看到我的 FB、IG、YouTube，也可以看到 LINE 上的團購資訊。

除了 LINE 官方號之外，LINE 社群也是現在不少人使用的工具，消費者要不要點開是一回事，但起碼不至於完全看不到。

另外我們自媒體大學使用的是 Email 名單，有不少知識內容讓大家免費學習，如果還想要學習更多，我們會透過 Email 贈送小禮物或是電子書給讀者，到目前已經累積到幾萬筆名單，所以我們每次推廣任何新的講座／知識產品，都不需要重新做內容宣傳，Email 名單一發出去常常名額就直接滿了，而這些會買產品／服務的名單，才是真正自媒體獲利的主力來源。

上面就是建立漏斗，讓經營自媒體像倒吃甘蔗，越做越輕鬆的秘訣。

Step 7　使用價值階梯「Value Ladder」替客戶量身訂做消費鏈

——產品設計

上面提到，我們有漏斗之後，接下來就要規劃能夠提供給我們精準客戶的產品，這個產品可以自行研發，也可以外部合作，在前述自媒體變現金字塔裡面，在 L1~L4 都只需要做「挑品」的動作，如果我們想要維持一人公司自由自在，保持在這個區間也已經很有餘裕。

✚ 轉換變現的五個層級

但若想要發行屬於自己的產品或服務，這時候就會進行到產品設計的階段，在產品設計端有一個很好用的觀念——使用價值階梯「Value Ladder」去規劃自己的產品線。

價值階梯概念如下：

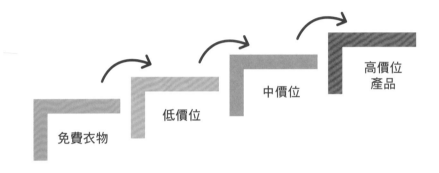

高價位
產品

中價位

低價位

免費衣物

通常第一筆訂單是最難成立的，消費者沒有和我們買過東西，不確定整個流程會怎麼樣，會不會付了錢沒出貨找不到人？會不會被詐騙？提供的服務是否真的如同廣告上說的這麼好？所以就算前面已經累積了信任，決定第一次要買的時候，也會先從低價／好入手的產品做起。

這也是為什麼在商界都會說，第一筆訂單的成本都是最高的，要花很多力氣去行銷推廣，但每筆訂單剛開始金額可能不

高，不過作為一個敲門磚，如果我們後續提供的內容超越他們期待，接下來重複購買的機率很高。

而我們可以根據我們的客群，以 Value Ladder 的概念去規劃低、中、高價位產品，一般來說如果產品越客製化，或是一對一的服務就可以收取更高的費用，以我們自媒體培訓來說，針對一般人都可以聽到學習到的講座約 20~60USD，主題性的團體培訓 ex：團購變現經營學、自媒體 LINE 官方號策略實作班……等等則是在 400~700USD 之間，而一對一顧問教練，就會是 3,000USD 以上的方案。

每一個產品有各自適合的客群，**不要認為價格高的東西會沒有人買**，我身邊不少創業家老闆大家是有錢沒時間，與其讓他們去上課好幾天課，然後上完還要回去想自己的公司要怎麼做，他們會寧可花錢直接知道怎麼做，或是聘請團隊一條龍解決，這時候就會適合較高價的顧問或執行代操方案。

我自己的自媒體教學衍伸到後面，也累積代操了近 10 個

YouTube 頻道，從內容規劃到轉換變現一條龍，每次的專案都是 10K 美金起跳，對老闆來說一開始就走對的路成功變現，才是把錢投資在刀口上。

如果不是知識顧問業，是一般實體產品的話，舉例來說我的電商團購是養生幸福概念，從針對媽媽客群買給小朋友的寶寶米餅一包一百多元，到照顧長輩婆婆的燕窩一瓶幾千元的產品都有提供，雖然產品是品牌方的，但我們提供周到的客服和歸屬感，不定期舉辦線上線下活動，讓消費者比起一般團購平台，和我們更有情感上的連結。

當市面上大家都在賣差不多的產品的時候，與粉絲讀者建立更深的鐵粉關係，正是得以從比價中脫穎而出的關鍵。

搜集客戶名單的致勝釣餌
——潛在客戶磁鐵

到這裡可能有些人會問：為什麼會有人願意提供給我們可直接聯繫的資訊？像是 Email、加入官方 LINE、Whats App 等等，如果漏斗設計好之後一直沒有人加入，這時候就要規劃潛在客戶磁鐵。

用一些免費的小禮物，讓大家願意留下自己的聯繫資訊，既然是免費的，會建議用「虛擬產品」去規劃這個免費禮物，減少寄送準備實體產品的額外成本，以下提供幾個常見的作法：

#1 免費模板

ex：我的這支影片有分享我的家庭財務報表的規劃，那如果想要拿到我製作的家庭財務報表的模板，就得加入我的 LINE 官方號拿取。

#2 懶人包／清單

　　以自媒體大學為例，我們在鐵粉經營學講座的名單磁鐵，就是「世界成功 30 個鐵粉經營懶人包」，所以上完講座如果想要了解更多案例，只要照著步驟提供聯繫方式就可以免費收到，因此在未來有新的課程時，就可以聯繫到消費者。

#3 折價券購物金

這也是一般市面上最常見的，比如說各大電商平台也滿常推出加入官方 LINE 好有，拿 200 元折價券或購物金，消費者加入等於現賺。

#4 免費網路直播教學、研討會

如果以知識教育作為主要產品，就可以使用直播錄影的功能，讓錯過直播講座的觀眾提供聯繫方式，就有機會學習到免費的直播教學。

舉例來說我們自媒體大學定期會有公開直播講座，因為直播有互動回答問題的環節，所以通常會設計收費，但如果是看回放的話，我們就可以不定期用限時免費的方式回饋給學生，而在發送給他們之前，這個累積起來的內容，也會是強大的內容磁鐵。

#5 免費交流社群

從觀眾認識我們，到決定付費，有時候需要長時間多次數的交流互動，但不一定需要是一對一，可以用群組的方式，現在 LINE 有匿名社群，相較於以往的群組，不止人數可以最高達 5000 人，匿名的方式也讓大部分的人加入門檻更低，也不會有個資外洩的疑慮，可以經營相同興趣的社群／同好會，進而多面向接觸觀眾。

舉例：

艾琳養生幸福群──交流養生美食團購好物，裡面的族群多為和我一樣寶寶在 0~5 歲間的孕婦／寶媽，也有喜歡買養生好物的熟女姊姊，大家在裡面交流變健康的心得；閃亮豐盛群──交流內容以自我成長／學習為主。

會有活躍用戶也會有觀望用戶，觀望用戶在裡面久了有機會變成活躍用戶，帶動粉絲間的互動討論，更容易產生歸屬感。

從用勞力賺錢的創作者，
成為用錢賺錢的自媒體企業家
—— 廣告戰略

透過前面八個步驟，如果有持續銷售成交，那恭喜你離成功不遠了，可以從用勞力賺錢開始進入到用錢賺錢，而學會用錢賺錢正是創作者**越做越輕鬆的關鍵**。

很多創作者把 80% 的精力用在創造高流量的內容，而我卻是把 80% 的精力用在創造「高轉換」的內容，轉換指的是，觀眾看完內容後願意採取行動的比例，也就是 Call to Action Rate。

行動可以是購買，或是留下 Email 領取禮物，加入社群、加入官方號／會員，而和變現高度直接相關的就是銷售，而不是流量。

這邊提醒大家，這並不是買假流量增加觀看數，而是向平台

付費，推送給更多流量，這正是社群平台的主要收入來源，平台也要賺錢，所以平台不會一直平白無故的傻傻給流量，他會用降低觸擊率的方式讓品牌商家／創作者付費。

FB、IG 可以自行投廣，也可以找廣告代理商，廣告代理商一般收取廣告費用外 20% 左右作為代操服務費，YouTube 也可以在創作者後台自行下廣告，下廣告的用意就是讓好的內容做真擴散。

舉例來說每 100 個觀看就有 1 位購買 3,000 元的產品，則一萬觀看銷售額就是 30 萬元，以電商平台來說分潤約 20% 來計算，就可以預估一萬觀看有 6 萬元的收益，如果我們拿賺的六萬元，投入一萬元，在換取下一個一萬觀看，又可以再賺六萬元⋯⋯這近乎是 5 倍的投資報酬率（一萬廣告費賺五萬），雖然邊際效益會遞減，可能第三個投廣一萬賺 3~5 萬元，一般來說只要有 2~3 倍以上的投資報酬率，就是不錯的表現。

然而因為我鑽研的是**高轉換的內容**，只要能夠提高轉換率，

剩下曝光就用錢去擴散就好，我大部分的內容投資報酬率約五倍，有不少做到 10~12 倍的投廣收益，因此就讓內容跑著賺被動收入即可，這些賺來的錢，我們可以持續投資在公司團隊，讓自己從勞力賺錢的創作者，成為輕鬆用錢賺錢的自媒體企業家。

Chapter

6

超級個體時代，
自媒體企業家的目標是：
全方位的幸福生活

社群媒體走到現在，已經進入到一個極度分眾化的
時代，只需在自己的利基領域，精準服務 1000 人即
可，就是現代鐵粉經營變現的真諦！

持續成長，
才能轉化爲續航力

我追求的不是團隊或營業額的無限擴張，而是在顧好自己的領域下，最大彈性的做到工作與生活平衡，畢竟對我來說，工作不應該是生活的全部，現在作為兩個寶寶的媽，深知小孩的成長只有一次，我也想要多陪陪他們，不管是一起出國旅行，還是陪伴教養，甚至與老公雙方家族的維繫，到夫妻經營 Quality Time，這些都是要花時間的，而我甘願付出。

還記得，我大學畢業前有上過一門領導統域的課，當時才大學準備要畢業，是透過在實習時的主管介紹進去的，這門課開啟

了我對自我覺察的啟蒙，在第三階段的目標設定工作坊裡面，設定的目標共有 4 大領域，分別是**事業、關係、健康和文化**，這四個領域都要設定具體可達成的目標，並以三個月為期限去進行，每週會有教練盯進度，還有團隊互相支持的壓力，所以非達成目標不可，簡而言之是門很硬的課。

而這四個目標都「同樣重要」，要用一樣的力氣去執行，但人們很容易不小心因為外在環境，就把目標設定在「財務事業」，殊不知到頭來真正的幸福，只有錢是不行的，只有錢卻沒有可以共享樂的家人，只有錢卻沒有說走就走的健康身體，生活只剩下工作但沒有興趣（文化），那既然這些都很重要，我們的目標就不能只是錢，而是「**全方位的幸福人生**」，而這個觀念從根本影響到我經營公司的方向和目標。

我很喜歡的知名暢銷書《一人公司》中提到：「有時候，保持小規模是為了更好地專注於我們真正熱愛的事情。」還有一句：「擴張帶來的不僅是機會，還有更多的風險和壓力。」在以前的時代，若不追求擴張，可能很快就被市場競爭對手幹掉。

但現在是極度分眾化的時代，有時不必當大海裡的第一名，只要當小池塘裡的大魚就好，規模小，團隊人數少所以支出不會太高，還可以遠端工作不用租辦公室，因此淨收入也可以很豐厚，我想這就是超級個體時代，作為自媒體企業家最大的魅力吧，追求的不是最大化成長，而是小而美的公司，小團隊成員物心兩面的全方面幸福生活。

不曉得目標是什麼也沒關係，以始為終，在行動中找到自己的路

大學在台大管院習得的思維，常常在需要的時候幫我一把，其中管理學大師柯維說過：「以終為始」這個原則，甚至很多策略思維的課程也會教到。

以終為始指的是，開始時要先確立好方向，先有目標，再來行動，才不會東做一點西做一點亂做一通，最後迷失在日常生活的柴米油鹽醬醋茶，無法達到人生的目標，聽起來很有道理，不過有沒有一種狀況是，如果根本不知道自己終點要去哪裡，只有

一個模糊的概念，想要成功，想要多賺一點錢，想要創業，那做為一個剛畢業進入職場的上班族，到底要怎麼以終為始？

當時，讓我去想經營 YouTube 能夠抵達什麼樣的終點，除了自由和賺錢之外，似乎什麼也想不到，所以前期的內容可以說是很凌亂，想到什麼就做什麼，想不到什麼題材，就拍拍假日去哪裡逛街、去吃什麼餐廳、三餐吃什麼、甚至無聊到連外帶食物回家都可以拍，完全沒有規劃，只是先做再說。

直到後來內容多了，大家開始認知到我是一位住在韓國，看起來好像很懂韓國的小姊姊，於是出現各式各樣的問題，像是問我交通要怎麼走，電話網路要買哪一家，甚至連餐廳過年有沒有營業都問我。

不過，我的個性就是喜歡幫助別人，即使知道那些問題不是我的工作，還是會很想幫忙，為了能夠更好的幫助到觀眾去韓國旅遊的問題，就創了一個韓國小幫手的官方 LINE 來協助大家，後來把可以協助的服務變成收費項目，像是韓國中文導遊包車，

接機送機，美容美髮餐廳代訂，即使沒有專業專長，也可以透過解決觀眾的煩惱賺錢，是我的第一個創業項目。

後來繼續做的過程中，開始有了支線劇情，身邊的朋友詢問我有沒有辦法幫他們介紹另一半，雖然自己已經有穩定交往 10 年的對象，沒有找男友的需求，不過又是這個愛幫助別人的個性，就簡單的在個人 FB 揪團，一開始想法很簡單，我只是想要有新的人進來聯誼，結果後來開始拍影片系列之後，就吸引到了一群單身想要找對象的精準受眾，在 2020 年網路創業競賽裡面，天使投資人評審覺得這個項目台灣實在太需要了，從根本開始解救台灣生育率，所以就得到冠軍，拿到 200 萬的創業投資進入。

接下來持續經營的過程中，慢慢培養出多元變現的實戰經驗，也開始有不同的事業發展的機會，像是受邀到馬來西亞的自媒體企業家峰會分享，還有上電視節目，進而到現在發展出自己的教育品牌——自媒體大學，在全亞洲日本，馬來西亞，台灣，新加坡，都有開班授課，這些都是我用一支手機一根自拍棒做出第一支影片的時，完全沒有想到過的。

對我來說，如果凡事要以終為始，我在拍第一隻韓國的時候，我根本不知道未來有幾會發展成包車和餐廳代訂服務，我從 2018 開始幫身邊的朋友揪聯誼的時候，也沒想到兩年後，竟然會得到 200 萬的創業投資，如果用上帝視角來看的話，要是我知道揪聯誼 2 年會有 200 萬，那當然義不容辭去做，也沒有什麼好掙扎的，但在做的當下，完全不曉得未來會不會成功，所以在行動之前，這個以終為始的終，是沒辦法預料到的。

如果用商業的角度看我，會覺得我是從解決別人問題開始的自媒體創業，但我看自己覺得是，以始為終開始的自媒體創業，我開始經營自媒體之後，因為沒有老闆，沒有人要交代我要做什麼，也沒有錢，我才能夠把自己歸零，去思考：有哪些事情是即使沒有錢，我也想要做，並且做得到的事。

因此，**如果能提早探索到自己的天賦熱情，並且開始行動，會是未來的人生路上可以減少內耗，停止迷茫的關鍵，關於如何挖掘屬於自己的優勢，在文章的最後有下面 3 個步驟可以提供給大家參考：**

1. 大量的行動：

先不要管未來會怎樣，能做到的，能持續做下去的，就先大量去做，行動之後，一定會從這些行動裡面，找到一些靈感的契機還有機會。

2. 找到自己相對有興趣，又能持續得到正向反饋的事：

反而是對異國文化探討還有旅遊體驗類型的有興趣，隨著時間興趣會一直變，像我現在就對自我成長還有幸福家庭經營比較有使命感，只要我們持續行動就能夠持續探索。

3. 做起來最輕鬆不費力的事：

在有興趣的裡面，又可以區分困難的和簡單的，簡單的就是整體做起來很輕鬆效果就很好，像我擅長的是人際交流和溝通，我曾經覺得喜歡社交這件事很廢，好像只是很愛交朋友，但對工作上沒什麼幫助。

　　不過開始創業之後，發現喜歡交朋友的個性應用在自媒體工作上，很容易槓桿不同專業的人做串連，像是找泰國朋友介紹泰國美食，風水老師介紹風水，理財老師分享家庭理財，所以我不用什麼都會，社交這個天賦便能夠運用在工作中，借力使力。

　　還記得大學剛畢業的時候，曾經非常迷茫，因為我以為一路念書、考試、升學，然後找一間大公司上班，在裡面想辦法晉升就會是我的未來，但自從開始去探索，開始以自己為原點出發，以始為終行動之後，過程找到自己的天賦熱情，進而開始連續創業，做自己的老闆，走在成功的道路上，所以希望和你們分享的是，即使迷茫於未來會發生什麼事也沒關係，先做再說，我們可以從行動開始，拿回生命的主導權。

常見疑問

 問題 1 文字攻略內容已經很多了，為什麼還需要拍影片介紹呢？

雖然現有部落格文字內容的資訊豐富，但是文字與影像的受眾不一樣，文字比較像是已經決定要去的人，在細部找資料，例如該地有什麼好玩的、車要如何搭買什票之類的；影片則是還不曉得要去哪裡，不確定哪裡好玩，想要有一些靈感刺激的層面。

大家可以這樣思考，部落格很像 Momo 之類的電商平台購物網，沒有要買東西的時候不會在上面搜尋，但是 FB， IG， YouTube， Tiktok 等社群平台，就是明明沒有要買東西，但默默的看完文章影片，就被裡面的產品燒到的感覺，也就是「刺激消費欲「，這也是為什麼電商品牌一定要經營自媒體的原因。

因此影片內容在企劃如果想要最快時間增加觀看數的時候，可以多以刺激需求的角度去做構思，先引起興趣，而不是直接教大家要怎麼去的細部攻略。

問題 2　現在這個內容已經有很多了，再做還會火嗎？

我們專業在看多與少，和素人在看多與少，看到一樣的結果，得出來的結論完全不一樣。

有時候高競爭代表高需求，有需求的內容作為觀眾，常常會想要看到不同創作者的分享，所以永遠都不需要因為有人做過而放棄，就像台灣已經有很多手搖飲料店了，但不代表你開創立新的手搖飲料店之後就一定不會成功，而是看我們怎麼做市場調查找到缺口，並下去做差異化經營。

爆紅之後呢？

很多同學會問：是不是爆紅之後就可以開始自媒體變現？

我會說：爆紅只是開始，重點是如何將紅利，變成鈔能力！

這幾年常常看到高流量的創作者面臨停更潮，除了各種內部因素之外，以外部因素來看，爆紅之後的高流量，不代表高變現力，這也是我為什麼想出這本書的原因，因為隨著這幾年教學的過程中，看到好多創作者／學生，剛開始秉持著一股熱情拼命分享，但爆紅之後隨之而來的是流量焦慮，因為爆紅這件事，是可遇不可求的，即使有幸得到流量，也不代表一直能維持高表現，所以追求穩定的成長與高變現力，比追求爆紅還重要。

相反的我們從現在開始，在過程中逐步累積自己的經驗和實力，有時候會發現，每個人的天賦才華不一樣，自媒體的財脈也

不一樣，比如說這幾年和我征戰多年的重要夥伴Chacha何雪欣，從一開始也是創作者經營到四萬多追蹤後，她發現與其做幕前，幕後工作更適合她，後來擔任網紅經紀人，廠商接案並派發日本、國際 KOL 行銷案，後來我們和 Shen Lim 老師一起創立自媒體大學，作為共同創辦人的她就是擔任發案／接案的經紀教學還有課程製作人。

作為自媒體企業家好玩的地方就是，我們不是單只看到網紅角色，而是**看到整個產業鏈**，這個產業鏈從幕前人物，到幕後工作、招商、經紀業務甚至拍攝剪輯....都大有發展性，因此對於我們來說每次的教學，不是要把每個人都教到變成網紅明星，而是讓大家知道在這個產業中，只要願意學習，每人都有可以找到屬於自身的舞台。

HEADLINE

| 後記 |

透過經營自己，
等於開始啟動金錢螺旋，
越花錢越有錢

• • • • • •

　　這本書能夠完成出版，真的很不容易，我是個極度追求效率的人，做事講求快狠準，但是寫書顯然就不是一件用效率來衡量的事，我大概大學聯考後就再也沒有花這麼多時間在同一件事情上（笑）。

　　這本書能夠順利完成，首先我要感謝前輩 Dr. Selena 楊蒨琳博士，從我們認識交流以來，她就一直鼓勵我可以將這些知識內容出版，除了提供很多建議指導之外，也和我分享經驗，介紹出

版社，還有在我一度停擺的時候，不斷給我勉勵，如果沒有 Dr. Selena 就沒有這本書，致上最深感謝。

再來要感謝我們自媒體大學創辦人 Shen 老師，如果沒有他開發出來的自媒體企業家九部曲戰略啟蒙，我可能還在追求流量的網紅思維，想起來以前我也是那是哪裡有新開的店、新話題就要跑第一，現在則是關注事業如何透過團隊運營不斷向上發展，並且當時和 Shen 老師詢問，是否能夠將九部曲的內容出版在 < 玩出財富 > 這本書裡，他也一口答應，他絕對是我在創業路上最重要的 Mentor 導師。

另外感謝時報總編湘琦姐的協助，除了新手作家本來有很多需要學習之外，原本遲遲這本書的標題我一直想不出來，但總編團隊最後定調的《玩出財富》正是我最想傳達的概念，**小錢可以用努力賺，但大錢絕對是"玩出來"的**，這裡的玩不是吃喝玩樂的玩，而是真實找到屬於自己的天賦才華之後，即使在工作，也覺得進入心流，**對於作品還有自己都充滿自信與榮耀感，這才是真正的玩，玩得有意義、玩的不虛此行。**

我這幾年很常和老公聊到一個概念，**不要一直去想怎麼賺錢，而是把該做的事做好，錢自然就來了。**

到了一個階段會發現，做很多事都可以賺錢，開 uber 做外送也可以賺，去當便利商店店長也可以賺，甚至不用這麼辛苦經營自媒體，當上班族也會有錢，那到底要做什麼？

所以到頭來，最終還是得回到每個人的天命使命，一開始很模糊找不到也沒關係，我在校園演講的時候常常會遇到學生說：「不知道自己喜歡做什麼？我會建議：想自己喜歡做什麼太難了，先從想自己不要做什麼開始吧」！

從大量的行動中，把過往做過的事進行拆解，這項工作喜歡的地方是什麼，不喜歡的地方是什麼？將工作內容拆解成職能，就能逐步去探索到自身與生俱來獨一無二的天賦，做擅長的幫助別人又可以賺錢，這正是玩轉財富的奧義。

最後感謝我的老公 Vincent, 在我專注寫書的時候，多虧他

可以擔當起照顧兩隻寶寶的重責大任，在有時候不禁自我懷疑的
過程中，也是我最佳的誇誇神隊友，以此獻上最深的感謝。

✚ 其他學習資源提供：

① 自媒體大學網站　② 自媒體大學官方 LINE　③ 艾琳的日常官方 LINE

④ 艾琳養生幸福團購群　⑤ 閃亮豐盛學習群

✚ 自媒體大學 20 USD 折價券領取辦法：

自媒體大學平台線上課程
20 美金課程折價券兌換方式

Step1 實體書籍拍照和發票（or 電子下單截圖）**請留意電子下單證明需顯示「書籍名稱」**方能取得折價券！

Step2 傳送到自媒體大學 LINE 官方號，客服提供兌換優惠代碼。

Step3 優惠代碼適用於任何「自媒體大學」平台講座 / 線上課程。

作者簡介

艾琳 Erin Huang

原科技業上班族，藉由一台手機一支自拍棒開始網路創業。現為自媒體大學共同創辦人、知識平台學海 Masterys 行銷長，同時也是「艾琳的日常」YouTube 頻道主理人，全網粉絲超過 80 萬，內容累積破億流量。為各大知名品牌規劃宣傳項目，其中包括 Dyson, ASUS, SOFINA, 安耐曬 , Suzuki... 並協助數十家中小企業品牌做網路銷售數位轉型，並提供企業品牌自媒體的經營培訓。

艾琳擅長高轉換行銷，以一人公司經營自媒體行銷，年營業額破億，並一年為中小企業增加 50 倍網路銷量，是同時具備曝光與轉換效益的自媒體企業家。

2019 年 登壇國際演講會活動「名師聯盟 2019」

2020 年 登壇「亞洲自媒體企業家峰會 2020」榮獲「最佳觀光振興獎」

2023 年 自媒體大學學員突破 20 萬人

2024 年 主辦亞洲自媒體企業家峰會

艾琳的理念是啟發 100 萬人實現遠距工作財富自由，只要願意行動，任何人都可以在數位時代發揮自己的天賦才能，打造第二人生。

玩出財富
自媒體企業家順流致富操作手冊

作　　者—艾琳 /Erin Huang

攝　　影—鄧正乾

責任編輯—周湘琦

封面設計—點點設計 × 楊雅期

內頁設計—點點設計 × 楊雅期

總 編 輯—周湘琦

副總編輯—呂增娣

董 事 長—趙政岷

出 版 者—時報文化出版企業股份有限公司

　　　　　108019 台北市和平西路三段 240 號 2 樓

　　　　　發行專線—（02）2306-6842

　　　　　讀者服務專線— 0800-231-705、（02）2304-7103

　　　　　讀者服務傳真—（02）2304-6858

　　　　　郵撥— 19344724 時報文化出版公司

　　　　　信箱— 10899 臺北華江橋郵局第九九信箱

時報悅讀網— http://www.readingtimes.com.tw

電子郵件信箱— books@readingtimes.com.tw

時報出版風格線臉書— https://www.facebook.com/bookstyle2014

法律顧問—理律法律事務所　陳長文律師、李念祖律師

印　　刷—華展印刷有限公司

初版一刷— 2024 年 10 月 11 日

定　　價—新台幣 460 元

玩出財富 : 自媒體企業家順流致富操作手冊 / 艾琳 (Erin) 作 . -- 初版 . -- 臺北市 : 時報文化出版企業股份有限公司 , 2024.10

　面；　公分

ISBN 978-626-396-850-9(平裝)

1.CST: 創業 2.CST: 網路媒體 3.CST: 電子商務 4.CST: 企業經營

494.1　　　　　　　　　　113014604